寓教於樂
如何從桌上遊戲學習結構化程式設計邏輯

含 Robot City v2 桌遊包

國立臺灣師範大學 許庭嘉 編著

台科大圖書 since 1997

研究團隊簡介

　　本桌遊由國立臺灣師範大學授權台科大圖書股份有限公司出版發行，係由許庭嘉教授所主編，率領團隊成員包括：台北市立大直中學資訊科技科楊士弘老師、南門國中資訊科技科兼教務主任楊啟明老師，以及師大研究生郭韋辰、陳彥霓，還有蔡佩如與張韶宸博士後研究員等，共同對於遊戲機制來回檢驗。美術設計由國立臺灣師範大學圖文傳播系學生邱苔禎協助，依照主編要求，封面的設計概念為小朋友們透過控制機器人在地圖上行動，收集任務卡上的原料元素完成建設任務。本桌遊陸續經過多名中、小學教師審查，並且聯合許庭嘉教授團隊成員落實教案撰寫，有助於其他教師在進行新課綱科技領域或相關之教學活動時可以參照。參與審查或設計教案的種子老師包括：重慶國中方日升老師、中山國中退休電腦老師簡良諭老師、二城國小胡信忠老師、志清國小陳善豐老師、中崙高中洪美如老師、八斗中學黃孟鈴老師、黃玉如老師、埔里國中謝宗翔老師等，分別設計不同的教學活動內容，以不插電的方式，提升學生基礎程式邏輯能力。另外，感謝王振庭老師為桌遊錄製教學影片，以及強傑麟老師設計桌遊中機器人的3D列印模型，皆會分享在教育部科技領域教學研究中心網站。

　　本桌遊是一套在進入插電學程式之前，以遊戲式輔助學習的教具，亦可做為非專學生（CS+X）學習結構化程式設計基本流程的輔具，或是低成就學生的補救教學材料，幫助對於運算思維學習低成就或低動機的學生，可以使用替代教材再進行一次強化學習。透過許庭嘉教授親自撰寫本書，讓使用人可以知道所帶來的樂趣與教育意義，了解運算思維的簡單定義，並且進一步自然而然習得結構化程式設計的三大流程：循序結構、選擇結構、重複結構，以及簡單的模組化與呼叫副程式的概念。本桌遊的教案是由不同的中小學老師所設計，皆可以從教育部科技領域教學研究中心免費下載。

前言

　　運算思維是否一定要寫程式呢？這個問題一直被吵得沸沸揚揚，就好像在爭執語文素養是否一定要從寫作開始一樣。如果對於直接寫程式沒有困難，而且社交能力不錯，其實作者還是鼓勵可以直接進入寫程式的領域。

　　從幼兒時期開始學程式不是壞事，然而多數家長會有顧慮與困擾，例如希望能避免孩子接觸太多 3C 產品，因而經常發生親子衝突。那麼先從不插電邏輯遊戲開始，來懂更多數學、邏輯及其它知識，累積經驗後，自然在進入撰寫程式過程中，已擁有更深厚的思考底子。

　　學習資訊科學，尤其是程式設計，其重點還是背後的邏輯，而且這個邏輯最後要能被機器所執行，稱之為「運算思維」。以學習程式語言來說，除了語法之外，演算法才是重點，而什麼是演算法呢？簡單來說，就是規劃出解決問題的步驟。設計程式的目的就是要解決特定問題或任務，如果沒有想通解決問題的方法和步驟，即便學會了程式語言的語法，也無法寫出好的程式以達到問題解決。或是即便可以執行，但是後面邏輯錯誤，執行出來的結果一樣是沒有用的。

　　因此，大家應該關注的是寫程式前思考的重要性，多數重要的資訊科學技術，其最初想法並不是從程式開始，像是深度學習常用的深度類神經網路。早期在資訊科學家出現之前，演算法大都是數學家想出來的。蘇文鈺老師曾說：「大部分工程師可能需要八成以上的時間在思考、證明、找證據和看資料等，其餘二成的時間寫出程式，寫出來不過是為了用實際的結果，來測試與驗證那八成思考所得的部分，然後達成任務。」

Robot City 雖然是在上機之前先透過桌遊來引導遊戲式學習，但是在演算法流程與資料表示方式，是潛移默化帶出資訊科學背景。透過卡牌的排列將學生大腦中的邏輯變可視化，其他人藉此知道對方怎麼想，進而可以合作或幫忙除錯，達到運算參與（Computational Participation）。另外，透過 Robot City 桌遊中機器人的角色，達到「執行」這個動作，把規劃的解題步驟（演算法）執行出來，就像按下程式語言「Run」的按鈕一樣，達到運算行動（Computational Action）。透過可量化的方式，像「左轉」是指機器人逆時針轉 90 度角，「右轉」是機器人順時針轉 90 度角，移動步數是依照卡牌規劃的數字，還有任何原料在任務卡中的權重都是可量化。換句話說，將來學生無論學會哪種程式語言語法，都可以把現有邏輯轉為程式語言，藉由機器執行出來，可翻閱本書微課 9 有類似範例可對照。

　　當科技越發達，將來和機器的溝通可能未必需要那麼多嚴格的程式語言語法，現在學習程式語言會痛苦的原因，除了邏輯能力基礎太差的緣故外，多數學生無法適應程式語言的表達方式，甚至是無法理解背後困難的數理。當程式語言越來越接近自然語言的時代來臨時，重要的是什麼呢？就是你的解題邏輯。

　　訓練思考為何很難在一般課程中落實？因為大多是老師口述而學生聽講，如何讓學生動手操作，表現出他的動機、想法，甚至是運用跨領域知識的機會，那便只能透過其他媒介來嘗試。如果從小可以從具備邏輯的桌遊活動中，練習思考與解任務的能力，將來學會程式語言後，之前經驗則有機會派上用場。

透過桌遊入門，先讓大家自然而然訓練思考，解決現有學習者被動學習與思辨貧乏的問題，甚至改變宅男宅女獨自學習的方式。桌遊本身就是一個社交溝通的好媒介，即便不善溝通表達，然而在同桌上為了玩遊戲，還是需要和他人開始試著互動。孩子們到學校來除了學習，便是來社交的，而桌遊具備這樣良好的社交學習元素。玩家也可透過遊戲，來學習社會上一些替代邏輯的靈活運用，例如沒有左轉卡，不能左轉時會怎麼處理，這些其實和日常基本生活有所連結。

　　Robot City 遊戲活動均符合認知設計，包含遊戲中的玩家注意力分布區域設計，即便不認識太多國字，也能從圖像中思考意思。而且遊戲中的心流、認知層次和認知負荷，都有經過再三驗證。藉由新機器人蓋城市的情境式學習，和控制機器人的角色扮演，與線索錨定設計等多方面融合，再經由活動設計，透過合作編程概念，讓學生組內合作、組間競爭，兼顧社會心理學的互動設計，提供學生在正向社會的互動情境中解任務與投入學習。

　　透過本書，學生可以自主學習，並邀請其他同學一起玩 Robot City。教師只需周遊從旁進行更深入的學習引導，幫助學生更加投入更高層次的學習，以及將來比對桌遊中的邏輯與程式設計之關聯性。

　　樂趣與學習未必完全牴觸，很多人以為學習是痛苦的，一定有門檻，然而如果人類能進入自主追求知識的學習過程，就能從做中學和玩中學，及克服困難，這樣的啟蒙方式，重點在於微妙地讓玩家能夠在體驗遊戲中，同時享受玩樂與學習的感受，遊戲教育只要帶領得好，是比一般教學有趣，甚至更充滿邏輯的訓練機會。

每個人資質差異，自然學習速度不一樣，因此動機和態度是萬事的起源和基礎。有學習動機的人，即便透過自學，也會克服困難想辦法把想學的東西學會，這樣的成長，跟痛苦地被逼著學習，往往前者比較知道怎麼活用所學，沒有學習動機的人，就算取得高分，出社會後也沒動機更進一步學習。

　　由於臺灣新課綱上路，眾多聲音紛紛出來，擔心資訊科學太難，如何可以科普化並讓大家入門呢？因此 Robot City 在教育部成立科技領域教學研究中心的同時間泛化，事實上臺灣推廣速度不慢，Robot City 是在 2017 年底發明完成，而 2018 下半年度，美國也開始推出研究案，是以不插電桌遊的方式來學習運算思維，該計畫案還在美國獲獎，當公布該獎時，Robot City 早已經在臺灣推廣一刷 1000 份普及出去，並且在一些中小學中完成實證研究了。

　　臺灣有數十年 IT 產業的根基，比起亞洲其他國家，我們需要有更多的自信心，期待新課綱可以走正走順，讓臺灣的子弟在幾十年後，都有基本運算思維素養。一份教材不可能適合所有人，也只能體現部分的知識內容，而非所有的資訊科學。或許，本桌遊也只能符應部分人的需要，然而，由它帶領學生或孩子入門結構化程式設計的基本流程，甚至搭配老師的教學活動，將可以達到良好學習動機與成效。本寓教於樂書籍是由國立臺灣師範大學許庭嘉教授親自主筆，希望幫助不知道怎麼使用 Robot City 來進行程式啟蒙的人，推薦最佳結合的教學單元為流程圖單元做指引。

許庭嘉 謹誌

目錄

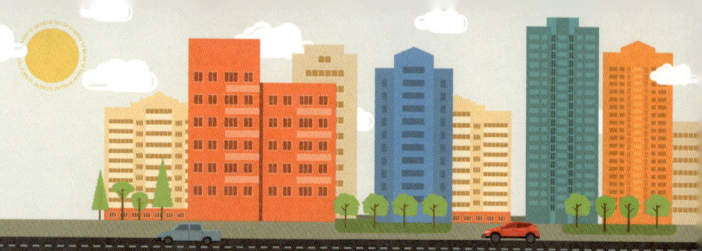

微課 1 — 新機器人蓋城市桌遊簡介

1-1 遊戲概述及道具 　　　　　　　　　3
1-2 遊戲前準備 　　　　　　　　　　　4
1-3 遊戲進行 　　　　　　　　　　　　9
1-4 遊戲結束與成績結算 　　　　　　 10
1-5 出牌說明 　　　　　　　　　　　 10
1-6 行動說明 　　　　　　　　　　　 11
1-7「控制卡」的卡牌明細 　　　　　　12
1-8 其他卡牌 　　　　　　　　　　　 17

微課 2 — 運算思維簡介

2-1 運算思維的定義 　　　　　　　　 20
2-2 Robot City 學習策略 　　　　　　 28

微課 3 — 發現問題與定義問題是萬事的起頭

3-1 任務卡：定義問題 　　　　　　　 32
3-2 原料卡：問題拆解 　　　　　　　 35
3-3 暫存卡：緩衝儲存所收集的原料 　 36
3-4 打包主題式學習 　　　　　　　　 37

Contents

4 微課 循序結構

- 4-1 「起始值」設定的概念 　　　　　　　40
- 4-2 循序結構的控制卡介紹 　　　　　　　41
- 4-3 循序結構與日常經驗結合 　　　　　　44

5 微課 選擇結構

- 5-1 選擇結構的控制卡介紹 　　　　　　　46
- 5-2 流程圖與桌遊練習 　　　　　　　　　48

6 微課 重複結構

- 6-1 重複結構的控制卡介紹 　　　　　　　52
- 6-2 重複次數計算練習 　　　　　　　　　55

7 微課 呼叫副程式

- 7-1 模組化的卡牌介紹 　　　　　　　　　60
- 7-2 跨領域設計數學座標之功能卡 　　　　62
- 7-3 活用在不插電的資訊科學 　　　　　　63
- 7-4 結合重複結構與呼叫副程式 　　　　　65

目錄

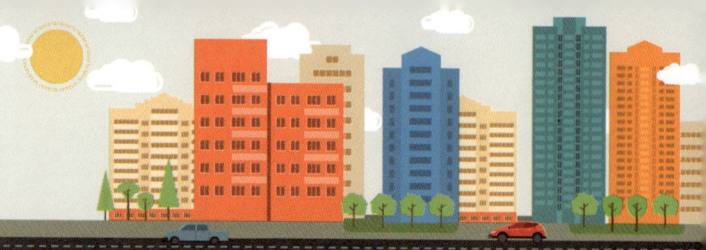

8 微課 人人是創客—發想獨有的創意卡牌

8-1 個人與合作之兩種遊戲機制參考　　69
8-2 學習效果　　69
8-3 設計原則　　70

9 微課 從不插電到插電

9-1 擴增實境牌組　　74
9-2 擬訂卡牌流程搭配上機寫程式　　84

附錄

附錄一 Google 公司對運算思維的分類　　86
附錄二 常見的流程圖圖示所代表的意義　　88
《新機器人蓋城市》簡易說明書

微課 1　新機器人蓋城市桌遊簡介

　　本微課說明 Robot City v2 桌遊遊戲規則，即便不是在教學現場，而是在家中呼朋引伴或是親子同樂，皆可透過微課 1 解說明白如何玩而樂在其中。

美國 Julie Dirksen 在《為學習而設計（Design for How People Learn）》這本書中提及：「孩子好的學習體驗與所學內容未必相關，而是與教學方式相關。」同一本教科書，到不同老師的手上，以及對應不同的學生，都會有不同的教學成果。如何可以透過不同的教學媒介，達到引導學生解題，而非死背程式碼，過程中的思考才是重點，學習體驗就像經歷一段旅程般，試著走另一條旅途看看吧！

本微課重點在簡介《Robot City v2 新機器人蓋城市》這套結構化程式設計啟蒙桌上遊戲之教具，於微課 2 才會開始學習結合運算思維的概念，進行活動。

《Robot City v2 新機器人蓋城市》桌遊配件　遊戲卡牌共 162 張

控制卡 122 張

- Forward 前進：角色前進1格
- 前方一格有障礙？　是：左轉　否：前進1步
- 重複 2 次：以下行動重複2次
- Call 發動→：觸發一張紅色控制卡功能
- 專車接送：需放在發動卡旁邊，就可以行動5次以內，每次可選擇「前進1步」、「左轉」、「右轉」

任務卡 24 張

- 小木屋 3（木頭、沙土）
- 宇宙公園 5（石頭、木頭、沙土）

創意卡 8 張

創意卡

暫存卡 8 張

暫存卡（只能放一個原料卡，不論是木頭、石頭、鵝礦或是沙土）

1-1　遊戲概述及道具

　　本書所附的《Robot City v2》，中文稱作《新機器人蓋城市》桌遊包，在桌遊中，玩家們將扮演著一群要蓋房屋的機器人，透過指令移動至所需的資源上方進行收集，建造一棟又一棟不同的房屋，以完成建設任務。

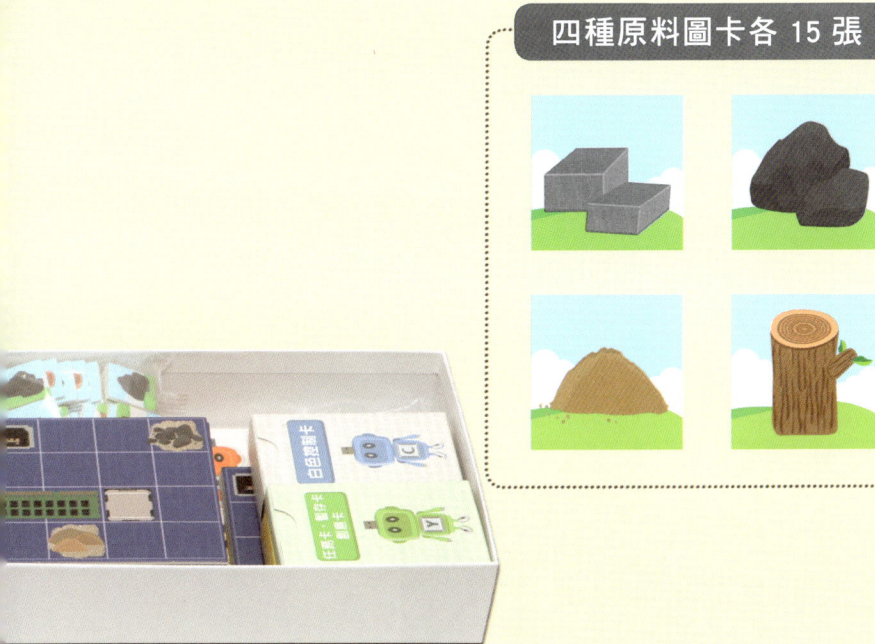

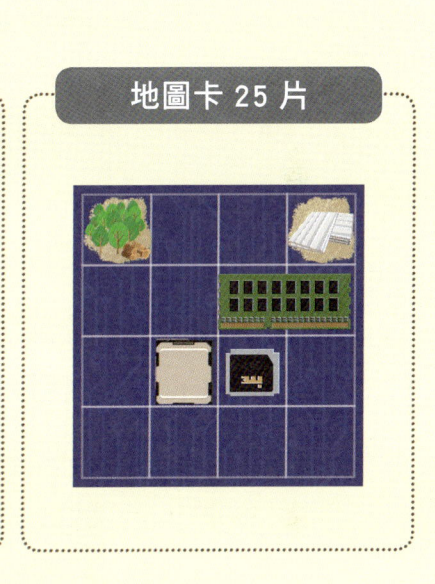

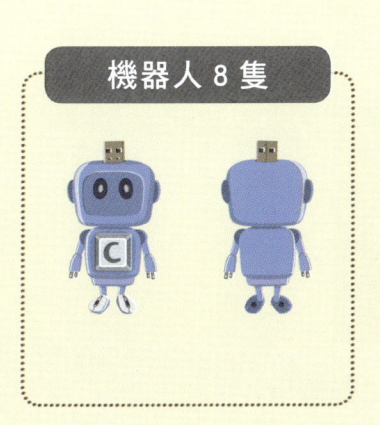

四種原料圖卡各 15 張

地圖卡 25 片

機器人 8 隻

左右順序卡機器人 1 張

機器人底座 8 個

- 表 1-1　以紅綠燈顏色來代表控制卡的難度，共有四個難度：白→綠→黃→紅

顏色	控制卡	邏輯困難度	結構化程式設計
白	行動卡	★☆☆☆	循序結構
綠	選擇卡	★★☆☆	選擇結構
黃	重複卡	★★★☆	重複結構
紅	功能卡	★★★★	呼叫副程式模組

1-2　遊戲前準備

一　放置地圖與角色

1　放置深藍寫實地圖卡

　　最多放置共 5×5 = 25 張，玩家可自行選擇欲使用的地圖卡後，拼成任何形狀後放在桌上。每次遊戲可以有不同的配置，所以無法經過玩過一次來記住一定的路線。地圖卡上面的圖示設計為主機板上常見的元件，可說是無所不在自然融入科技元素。

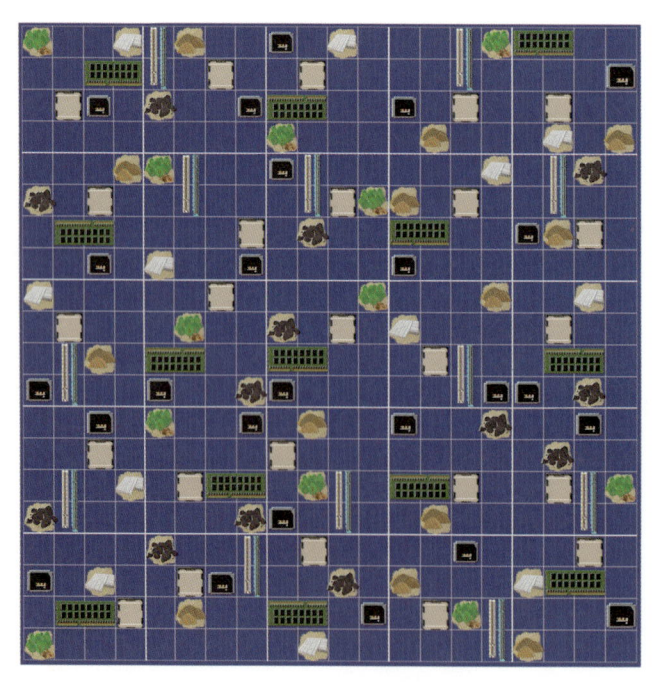

- 圖 1-1　自己拼組地圖，每次可以有不同的配置情境

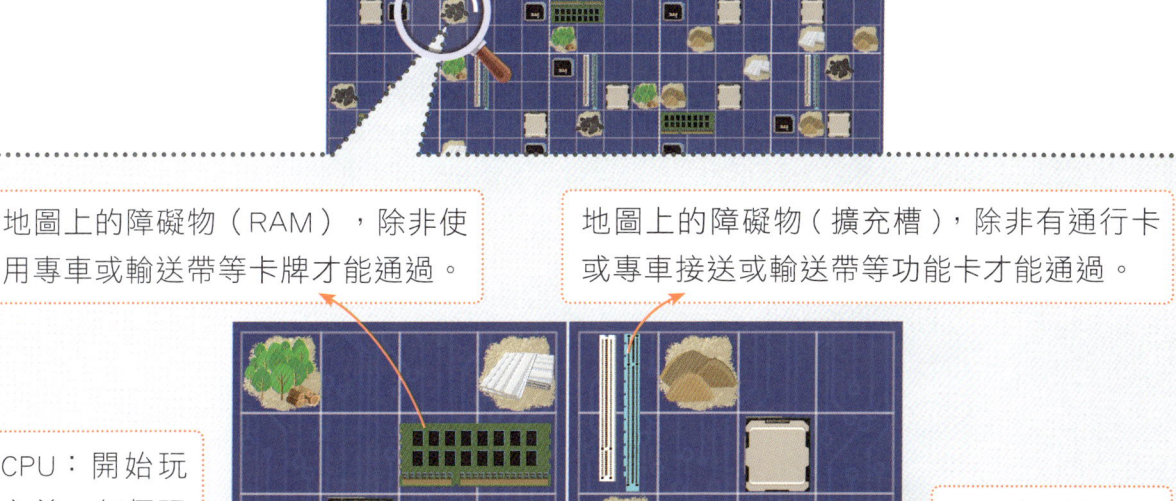

地圖上的障礙物（RAM），除非使用專車或輸送帶等卡牌才能通過。

地圖上的障礙物（擴充槽），除非有通行卡或專車接送或輸送帶等功能卡才能通過。

CPU：開始玩之前，每個玩家將自己的機器人擺在地圖中的 CPU 作為起點。

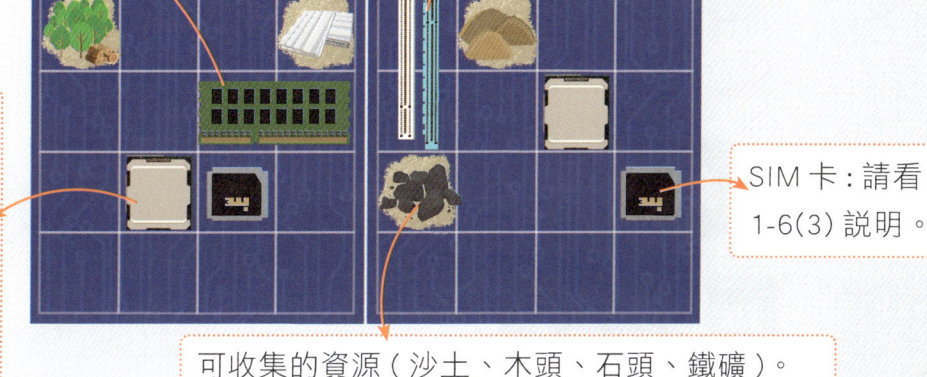

SIM 卡：請看 1-6(3) 說明。

可收集的資源（沙土、木頭、石頭、鐵礦）。

- 圖 1-2　地圖範例說明在遊戲中的意義，而 CPU 是機器人執行指令的開端

在課堂上，2～3 位玩家使用 2×2 塊的地圖，4～6 位玩家使用 3×3 所拼的地圖就好。依照不同數目的地圖大小配置，來設定不同的任務難度，因為學校授課時間限制，故依據上課時間，使用建議如表 1-2 所示。

- 表 1-2　教學用地圖數目建議表

控制卡	人數	地圖建議數目	程度	遊戲時間
白	2～3	2×2	初級（循序結構）	15 分鐘
白＋綠	4～6	3×3	中級（選擇結構）	20～25 分鐘
白＋綠＋黃	4～6	3×3	中高級（重複結構）	25～30 分鐘
白＋綠＋黃＋紅	4～6	3×3	高級（呼叫副程式）	25～30 分鐘

由於家長在家陪伴孩子玩，較沒有時間限制，則可參考表 1-3 所建議，時間上比較充分，可慢慢體驗。

• 表 1-3　親子在家使用地圖數目建議表

控制卡	人數	地圖建議數目	適用年級
白	2～4	3×3	幼稚園大班～小學低年級
白	5～8	4×4	
白+綠	2～4	3×3	小學中年級
白+綠	5～8	4×4	
白+綠+黃	2～4	4×4	小學高年級
白+綠+黃	5～8	5×5	
白+綠+黃+紅	2～8	5×5	中學

如果要提早結束遊戲，可以設定最早達到任務卡總積分 N 分者為贏家（如：N = 10、15、20 等），或是將所拼的地圖數目減少，亦可縮短遊戲時間。

以 4 個人而言，4 片約 10 分鐘，9 片約 20～25 分鐘，16 片約 50～60 分鐘，25 片會至 90 分鐘，時間長短會因人而異，有的人會思考比較久才出牌，如果是初學者，建議由較少地圖數目開始，能有充足時間慢慢思考。表 1-2 比表 1-3 更減輕任務的負擔，以縮短遊戲時間，並且確保一節課的時間內可以執行完畢。

2 放置角色

每位玩家任選一塊地圖，將角色放在地圖隨機的起點（CPU）上方，方向自訂。從角色身上的設計概念也可以學習基本硬體資訊，透過角色隱含常見的 3C 用品概念，且角色設計有正面、背面，兼具有方向性，圖 1-3 為 8 位機器人的設計圖示，為防止有玩家看不清楚色彩，因此，每個機器人肚子部位都有一個字母，以方便辨認。

角色的設計概念

頭上方便拿取的是 USB 插頭。

臉是螢幕。

手為插頭。

身體為鍵盤。

腳為滑鼠。

- 圖 1-3　8 個不同的機器人，玩家自己選定一隻自己操控的機器人

3 配置原料圖卡

在地圖上有資源的格子上，放置相對應的原料圖卡，將多出來的原料圖卡先收起來。

(二) 整理卡牌

1 將任務卡翻面朝下，洗勻後放置一疊。

2 將控制卡翻面朝下，分二堆，洗勻後分別放置地圖兩旁。建議由兩人洗牌，洗得比較均勻。

三 決定開始順序

1 陣營對戰

兩人為一陣營並坐在相鄰的位置，使用「左右順序卡」機器人，以便確認該輪是由右邊玩家執行，還是左邊玩家在執行。遊戲開始，由各陣營抽到的 2～3 張任務卡牌，由總積分「最低」的陣營決定遊戲的次序，中途每玩完一回合，所有玩家再一起棄牌。下一回合繼續由已經完成的任務卡總積分最低的陣營，來決定下一回合遊戲的次序。所謂「決定次序」，就是決定由哪一陣營的右邊或左邊玩家開始，指定哪一陣營的同一邊玩家是第一圈的結尾，然後再逆向順序由另一邊玩家繞回，即所謂的 S 型順序，如此完成一回合，然後再一起棄牌。若有相同積分則猜拳決定。

> **提醒**
>
> 可以使用盒中的「右左順序卡」機器人，來提醒此回合是左邊玩家還是右邊玩家開始。建議老師可以安排一個學生擔任桌長，以掌握遊戲程序，但不可以干擾學生思考和出牌。

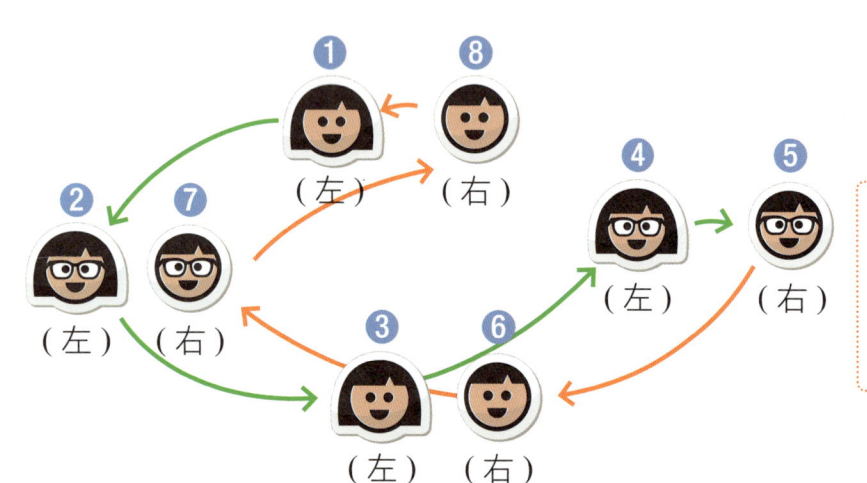

如以左邊 1 號玩家開始，指定 4 號玩家為第一圈結尾，再逆向順序由右邊 5 號玩家繞回到 8 號玩家的 S 型順序。

2 個人對戰

由抽到任務卡牌總積分「最低」的玩家決定遊戲次序，中途每玩完一回合棄牌後，則由已經完成的任務卡總積分最低的玩家，來決定下一回合遊戲的次序。

四 抽卡牌

1 陣營對戰：每位玩家從牌堆中抽出 8 張控制卡，每陣營抽 3 張任務卡。

2 個人對戰：每位玩家從牌堆中抽出 8 張控制卡，以及 2 張任務卡。

1-3　遊戲進行

遊戲開始時，玩家必須輪流利用抽到的卡牌，讓場上的角色移動或取得資源。以下說明每次出牌會經過的主要步驟：

一　換牌

玩家可以在出牌前和隊友交換任意數量的卡牌。（陣營戰才可以進行，個人戰沒有換牌機制。）

二　出牌

輪到自己出牌時，將想要出的牌在桌面由上而下依序排好，詳細出牌方式請見《1-5 出牌說明》。

三　行動

依照所出的卡牌控制角色移動或發動特殊功能卡牌，若最後停在資源上則可獲得該資源，詳細行動內容請見《1-6 行動說明》。

四　完成任務

若收集到的原料卡已滿足任何一張任務卡中所需的全部資源，即可消耗相對應的資源以完成一個任務。其後，再抽下一張任務卡。

五　棄牌

等待全部人的行動結束後，才可以將打出的牌，以及不想留下的手牌丟進棄牌堆中。出完牌後，在等其他玩家出牌期間，仍要擺放在桌面上，以供大家隨時檢視。

六　補牌

將手中牌數補滿 8 張，若卡牌堆已無牌，則將棄牌堆的牌洗勻後繼續抽。

> **提醒**
> 進行陣營對戰時，必須等所有玩家都出完牌後，才能全部統一補牌，以免過程混亂。

1-4 遊戲結束與成績結算

每張任務卡完成後都可獲得相對應的分數。當地圖上所有的資源都被拿完，則遊戲結束開始計算任務卡上的積分，未完成的任務卡雖無法獲得該任務積分，但上面收集到的原料卡，在結算時 1 張仍可以算 1 分。結算過後，由總積分數最高的陣營或玩家獲勝。

若想要提前結束遊戲，則可以改成積分最快達到指定分數者，或每經過一個原料元素即可拿取資源，不限制一定要按照原規定，停在原料上方才可取得（建議此規則不要太早開放，可以等到遊戲快結束時再開放）。在培訓 Bebras 國際運算思維測驗時，就有圖形題目或應該選擇怎樣的最佳路徑等類似的考題概念。

1-5 出牌說明

1. 卡牌出牌方式皆為「由上而下」疊合，露出卡牌標頭的文字，如圖 1-4(a)。
2. 黃色重複卡牌所接續的卡牌效果將重複 2 次或 3 次，如果從某張後續的卡牌開始不要重複執行，則將該張卡牌往左或右移動一些做為標記即可，如圖 1-4(b)。
3. 使用「呼叫」卡牌必須搭配紅色功能卡牌，使用時，必須放在發動卡牌的右邊，如圖 1-4(c)，發動「專車接送」卡牌時，需要此二張卡牌一起用，成為一個呼叫副程式的體現。

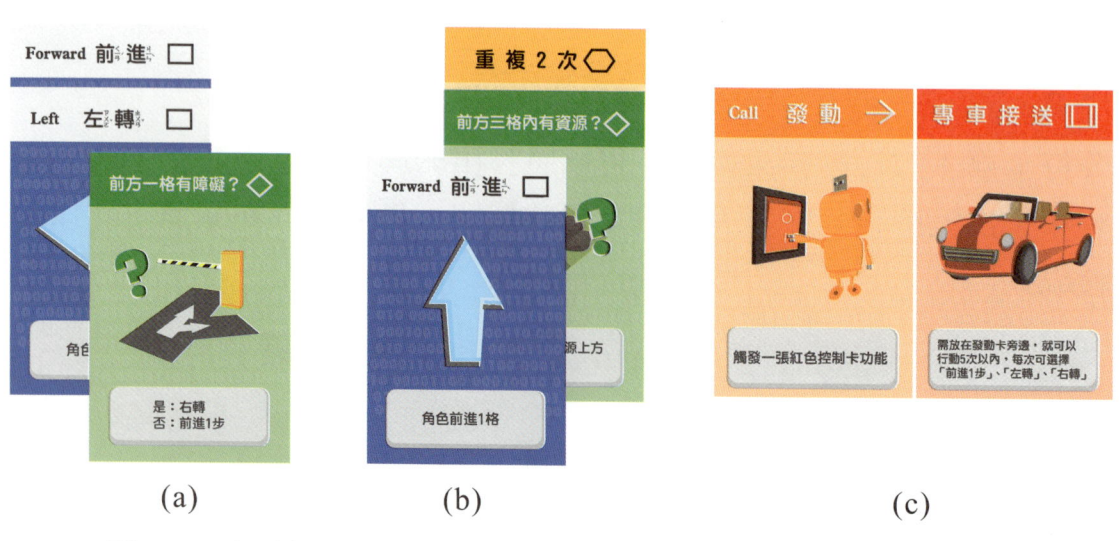

(a)　　　　(b)　　　　(c)

• 圖 1-4　卡牌排列方式，依據流程順序和撰寫程式「縮排」的規則

如果以顏色來看的話，如果全部都是白色控制卡，就直接從上而下排列卡牌，為了節省桌面空間，只需露出卡牌上面的表頭即可，如圖 1-4(a)，可以看到機器人要動作的順序就是先「前進」、再「左轉」，同一顏色卡牌排列的時候，不必左右錯開位置（即不必縮排或凸排）。但是，第三張卡牌為綠色，那已經是另一個結構（選擇結構）則要錯開，這類似寫程式縮排來凸顯結構。

本桌遊依照顏色來讓玩家輕易區別難度，從易到難依序分別是白、綠、黃、紅。因此，當放入綠卡到可抽牌的控制卡中洗牌，表示本桌遊中的選擇結構有可能被玩家抽中。在一些程式語言裡面，例如 Python，必須按下「Tab 鍵」縮排，來代表開始一個結構或是離開一個結構，而多數程式語言，則是使用「空白鍵」為最常見的程式碼縮排方式，以方便後人有較高的可讀性來除錯。因此在遊戲中如果從上而下的動作，到哪邊需要結束循序結構、選擇結構或重複結構，就把卡牌往右縮，如圖 1-4(a) 的綠卡。

圖 1-4(b)，表示要重複完成 2 次綠卡的動作，然後再前進 1 格。為了區隔「前進」這張白色控制卡是沒有在重複 2 次循環裡的，因此把「前進」這張卡牌往左移位，代表離開重複結構。這些在日後學習程式語言時，就知道要對應結構，去安排文字程式碼的凸排和縮排概念。

圖 1-4(c)，是呼叫副程式的概念。單獨一張紅色卡牌是無法發揮作用的，就像副程式即便存在於程式碼裡面，但是只要沒有被呼叫，就沒有作用。因此，在遊戲中必須搭配「發動卡」，發動卡扮演的就是程式語言中呼叫（Call）的角色。

1-6　行動說明

1 呼叫副程式：同時使用「呼叫」卡牌，搭配任何一張紅色功能卡牌即可「發動」，將會帶來卡牌上所說明的效果。

2 取得資源：遊戲中有 4 種不同的原料卡，行動結束時，若停在某一個原料或資源區上，即可獲得該原料卡。

3 快速通道：當玩家在移動時，踩到黑色印有「SIM 卡」的格內，則可任意移動至同樣印有「SIM 卡」的格子上繼續動作。要注意的是，機器人面對的方向不變。

1-7 「控制卡」的卡牌明細

玩家拿到卡牌以後，必須先檢查控制卡的卡牌明細，總共有 122 張控制卡。其中基礎卡牌有白色的行動卡 72 張、綠色的選擇卡 16 張及黃色的重複卡 8 張，總共 96 張；進階卡牌有橘色的發動卡 13 張及紅色的功能卡 13 張，總共 26 張。

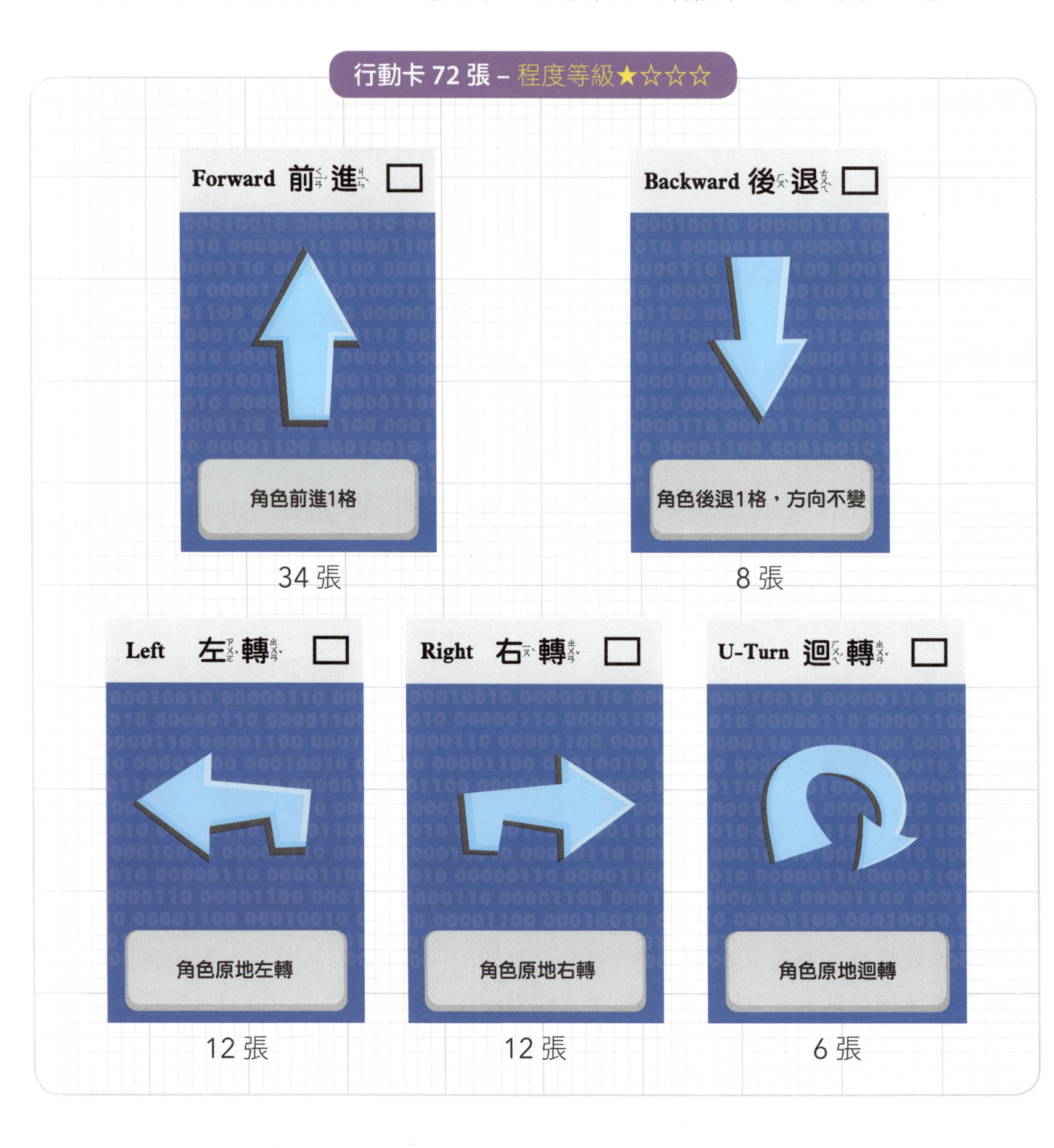

行動卡 72 張 – 程度等級★☆☆☆

Forward 前進 — 角色前進1格
34 張

Backward 後退 — 角色後退1格，方向不變
8 張

Left 左轉 — 角色原地左轉
12 張

Right 右轉 — 角色原地右轉
12 張

U-Turn 迴轉 — 角色原地迴轉
6 張

選擇卡 16 張 – 程度等級★★☆☆

前方一格有障礙？
是：左轉
否：前進1步

3 張

前方一格有障礙？
是：右轉
否：前進1步

3 張

前方一格沒有障礙？
是：前進1步
否：右轉

3 張

前方三格內有資源？
是：前進至資源上方
否：後退1步

3 張

已完成的任務總積分最少或同分？
是：行動5次
否：行動2次
註：每次可選擇「前進1步」、「左轉」、「右轉」

3 張

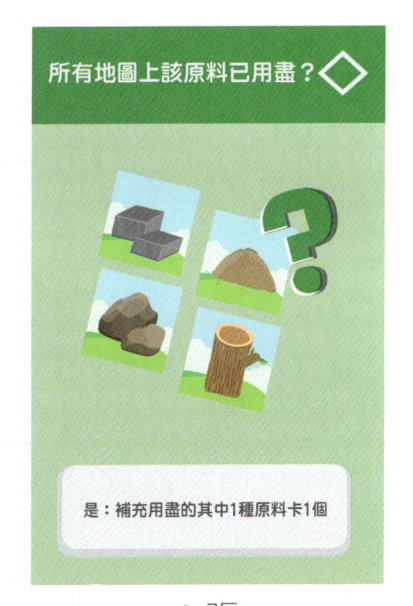

所有地圖上該原料已用盡？
是：補充用盡的其中1種原料卡1個

1 張

重複卡 8 張 – 程度等級 ★★★☆

重複 2 次
以下行動重複2次
6 張

重複 3 次
以下行動重複3次
2 張

發動卡 13 張 – 程度等級 ★★★★

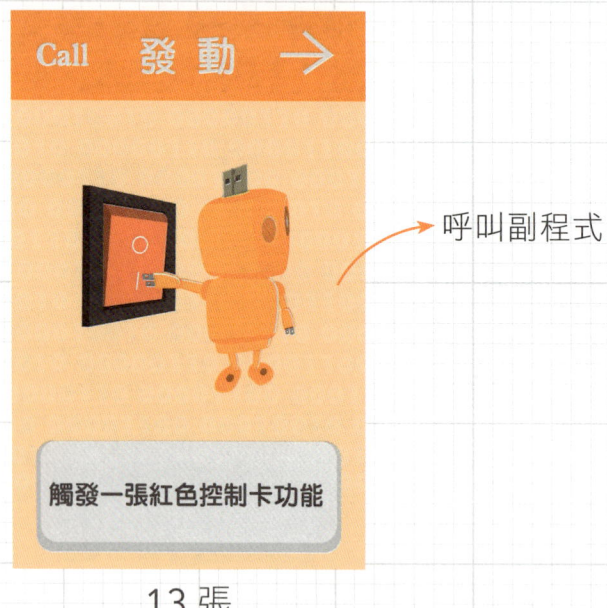

Call 發動 →
觸發一張紅色控制卡功能

呼叫副程式

13 張

功能卡 13 張 – 程度等級 ★★★★

專車接送
需放在發動卡旁邊，就可以行動5次以內，每次可選擇「前進1步」、「左轉」、「右轉」

2 張

通行卡
需放在發動卡旁邊，就可以行動5次以內，每次可選擇「前進1步」、「左轉」、「右轉」且可穿越障礙物

2 張

交換
需放在發動卡旁邊，就可以指定一名敵人，將手中的一個資源，跟對方交換任意一個資源

2 張

病毒
需放在發動卡旁邊，就可以指定地圖上特定一個機器人感染病毒，下一回合限其最多可出卡片2張

1 張

中獎
需放在發動卡旁邊，就可以獲得任意一個資源（僅限發動一次，不受重複卡影響）

2 張

輸送帶1
需放在發動卡旁邊，就可以移動至前方3格、左方2格的位置（無視中途障礙）

1 張

如何從桌上遊戲學習結構化程式設計邏輯

輸送帶 2

需放在發動卡旁邊，就可以移動至前方3格、右方2格的位置（無視中途障礙）

1張

輸送帶 3

需放在發動卡旁邊，就可以移動至前方2格、左方3格的位置（無視中途障礙）

1張

輸送帶 4

需放在發動卡旁邊，就可以移動至前方2格、右方3格的位置（無視中途障礙）

1張

　　控制卡卡牌的難度等級非常好記，就是沒有顏色（白）最為容易，接著是紅綠燈概念，依序程度是綠色，再下一階段是黃色，最後是紅色。依照每一次活動練習重點，決定要放入哪些卡牌進去桌遊的控制卡牌中抽牌。

1-8　其他卡牌

玩家在 Robot City v2 桌遊包中，除了看到 1-7 節中的控制卡明細，和圖 1-1 的地圖清單外，還有以下內容物：任務卡、暫存卡、創意卡、原料卡。

任務卡

24 張

> 任務卡：初級任務 3 分、中級任務 5 分、高級任務 7 分。詳閱本書微課 2 內容。

> 挑戰高級任務可以得到高分獎勵喔！

暫存卡

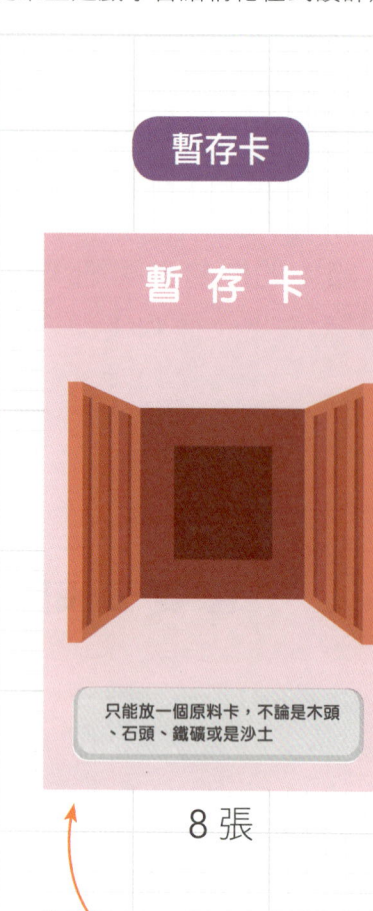

暫存卡

只能放一個原料卡，不論是木頭、石頭、鐵礦或是沙土

8 張

暫時存放資源的地方，每個玩家都有一張。

創意卡

創意卡

8 張

提供給家長或老師自己設計桌遊卡，擴充本桌遊的玩法。

原料卡

木頭
15 張

石頭
15 張

鐵礦
15 張

沙土
15 張

可讓機器人收集解任務卡所需的原料卡。對應玩家抽到的任務卡進行問題拆解後，通常開始思考如何收集需要的資源回來解決任務。

微課 2 運算思維簡介

本微課提供給讀者參考何謂運算思維,並從桌遊中體會問題拆解、模式識別、抽象化、演算法的運算思維歷程。

運算思維在 1990 年 Papert 學者就曾經提出，並引發了熱烈的討論，關於如何定義、教學及評估計算（Grover & Pea, 2013）。美國教授周以真（Jeannette Wing）在 2006 年強調運算思維是每個人都需要有的日常生活技能，而不只是電腦科學家所常使用的程式編寫能力。

2-1 運算思維的定義

在 2011 年周以真教授更進一步將運算思維定義為：涉及問題制定與問題解決方案的過程，使得訊息處理可以依照解決方案，有效執行並解決問題。電腦可以幫助我們透過以下兩個步驟解決問題：

(1) 我們先考慮解決問題所需要的步驟。
(2) 我們控制電腦幫忙解決問題。

舉例來說，我們必須瞭解數學概念並解釋問題，然後再透過電腦幫忙進行運算，利用簡單的方法或公式來解決數學問題；或是在繪製電腦動畫前，我們必須先規劃動畫故事內容以及如何拍攝，再透過電腦軟體及硬體幫忙完成任務。在這兩個例子中，可以知道在電腦或機器開始運作前，人們所進行的思考稱之為「運算思維」。

英國 BBC 將運算思維分為四個面向，這四個面向沒有規定一定的順序，而且通常是會一直來回重複發生的歷程。以下圖來表示：

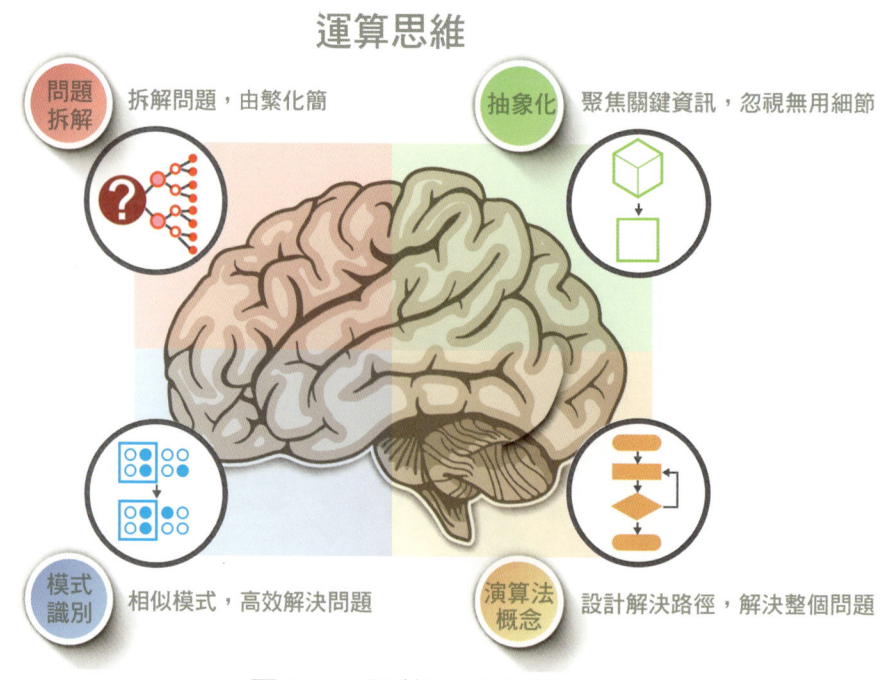

運算思維

問題拆解　拆解問題，由繁化簡
抽象化　聚焦關鍵資訊，忽視無用細節
模式識別　相似模式，高效解決問題
演算法概念　設計解決路徑，解決整個問題

• 圖 2-1　運算思維的基本歷程

除了這四個基本歷程外，還有不同單位提出了更多種分類，可參考本書附錄一，例如有的分類特別用運算思維的運作，將一個看似困難的問題，透過簡化（Reduction）、嵌入利用（Embedding）、轉化（Transformation）和模擬（SIMulation）的技巧，把問題重新組合為一個容易理解的問題，並擁有解決問題的能力。

目前臺灣在每年 10～11 月都有報名國際運算思維性向測驗 Bebras 的機會，本書也會隨著桌遊教材，附上幾題考古題做為練習。透過這樣不插電的桌遊活動，有助於學生從玩桌遊中自然而然練習 Bebras 相關試題的邏輯。以下開始結合 Robot City 桌遊情境，說明運算思維的概要歷程。

一 問題拆解

當學生面對任何問題時，如果可以進行分析或定義，將大問題拆解成小問題，然後將各個小問題一一解決，化整為零。培養這樣的歷程，不只是可以體現在解決日常生活問題上，在電腦科學中，更是引導學生思考時，不再是制式地從頭到尾一步步處理，然後最後得到答案。以本桌遊其中一張地圖為例來說明問題拆解。

當學生選定一隻他可以控制的機器人，安排機器人站在地圖的某起始點上（地圖中的 CPU 晶片所在位置），開始扮演起這個機器人角色的同時，也會開始觀察他所處的周遭環境。

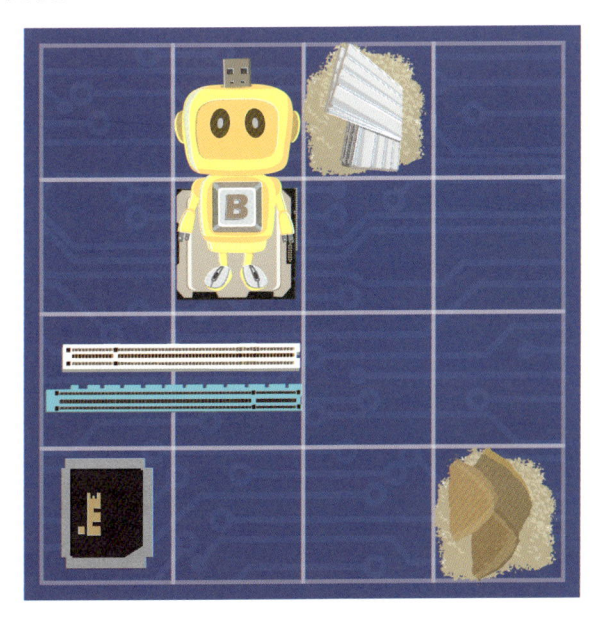

• 圖 2-2　桌遊地圖問題拆解範例

接著,抽出任務卡,假如剛好拿到下面二張任務卡時,如果是陣營的玩家,需要決定彼此的任務分配,考慮如何以高效率完成建設。如果只是自己一組,問題就單純多了,知道自己取得的任務是需完成宇宙公園和寺廟的建設任務,這時候會往下分為二個子任務,一個是 5 分的中級任務,需要有三個資源才能解決;另一個是 3 分的初級任務,只要二個資源就能解決。

• 圖 2-3　桌遊任務卡問題拆解範例

　　簡單的任務拆解,像是把 5 分的任務卡,再細分為機器人需要去拿到木頭、沙土、石頭這三個資源的任務,有數學除法能力的學生,甚至可以進一步用數學評估每一個任務的重要性(價值)是 5/3=1.66…。

　　而 3 分的任務卡,再細分為機器人需要去拿石頭和木頭這二個子任務,同樣運用既有其他科目(數學)基礎能力,可以進一步評估每一個子任務的重要性(價值)是 3/2=1.5。

　　此時,演算將是玩家抉擇優先權時的重要根據之一,因此能活用運算思維,不只能在資訊科學領域進行電腦化的問題處理,也能發揮在日常生活中。

📢 提醒

> 玩家可以依據自己手上的資源,評估與判斷其最佳的資源分配,如果有進行資源權重計算,也可以判斷是否 1.66 比 1.5 的任務卡更值得先執行。玩家透過桌遊來探索這些深層意義,如果沒有發現,老師可在桌遊結束之後,進行討論或引導學生思考。

(三) 模式識別

　　問題解決者經過多方評估，就會觀察這些任務是否有相同的地方，例如這二個任務都需要木頭和石頭，可發現在不同的子任務中有相同模式，異中求同的概念，在日常生活中也常用來分析，例如學生發現每一間教室前面都有黑板，有著相同表示模式。

　　在桌遊中，玩家搭配自己所在處，或是目前隨機安排而成的地圖集合（不論是幾張組合而成），可以找出哪些子任務是需要優先被處理，例如：地圖上資源數目不平均時，計畫優先取走少數稀有資源，以免被對手拿走，失去可以完成任務的機會。觀察本桌遊地圖卡，會發現跨 2 格的物件都是障礙物，因此，在控制機器人時就要懂得避開，而其他只有占用 1 格的物件，機器人都可以直接通過。

　　換句話說，學生必須有「觀察」和「發現」的能力，才能順利透過模式識別來更有效率地處理問題，尋找已存在的問題當中相似的模式，或是小問題之間的模式。在資訊科學中，舉例來說：

> 　　如果現在要計算一個學生的成績，需要一個空間先存放學生的數學成績，通常會宣告一個所謂的變數去儲存學生的數學分數，這樣程式就會跟記憶體要一個空間來命名，甚至限制只能儲存的形式（整數、實數、文字…等）。然而，當面對的是 30 個學生的數學成績，也就是需要跟記憶體要空間來存放全班 30 個學生的數學分數，這樣要宣告 30 次需要有 30 個不同變數，就要寫 30 行程式碼來存放嗎？在資料表示中，運用「模式識別」的觀察力顯得特別重要。
>
> 　　承前述問題，比較有效率地解決問題的處理方式，通常只要寫一行程式，宣告一個有 30 個元素的陣列，也就是跟記憶體要連續的 30 個空間，一整組命名為一個名稱代號，從位置編號去知道現在是該組資料中的第幾個，只需要一行程式碼就能處理，而不需要 30 行程式碼。

　　回到日常生活中，我們也常活用模式識別，例如看一本書，可能會發現這本書在不同篇章當中，有相同架構形式。從一個人異中求同的觀察力可以知道他的模式識別能力，這在運算思維中也是重要的歷程，可展現在解決資訊科技的問題或運算處理上。

三 抽象化或通則化

　　人生中常需要化繁為簡，言簡意賅本身是一個不簡單的能力。從長篇大論中摘要出關鍵資訊，是一種邏輯能力的運用，就像摘述寫作的重點一樣，也極需要主筆的人先消化內容後，找出最關鍵重點。在資訊科學中，我們通常需要呈現關鍵方法，來進行模組化（Modeling）、公式化或相對關係等解決問題。抽象化（Abstraction）這個歷程也是跟數學思維最有重疊的部分，因此讓人容易聯想是否數學能力和資訊能力會有相關性。

　　在數學式子中，發現其中一些規則，就會想用其他更有效率方式處理。例如圖2-1中抽象化的正立方體，想知道這個立方體的表面積時，最關鍵的資訊就是只要能夠知道每一面正方型的面積，乘以 6 倍，就可以得知該正立方體的表面積總和。

　　日常生活中很多這樣的例子，然而在轉為電腦做問題處理時，我們需要抽象化思考，將最關鍵資訊摘述出來，去蕪存菁，避免其他雜訊干擾。資訊科學一直追求有效率的解決問題方式，也是最難的地方。那往往需要綜合許多跨領域能力，對於具有良好方向感、數理能力佳的人，更有助於養成抽象化的運算思維能力。

　　通則化（Generalization）是一種讓資訊處理更泛化可推廣的方式，這在運算思維中也是很重要的。除了能符合通則化地實踐在程式當中，也更有助於達成自動化處理。如同以下例子，需具備數學次方和程式語言變數的能力來理解：

> 　　如果原本需要一個功能是 3 的 4 次方程式，沒有通則化處理時，需要 3 的 4 次方程式碼執行結果；但是如果會通則化的人，會寫成 3 的 n 次方，這樣不論 n 的數字是多少，都可以計算出來，自然也包括了 n = 4 的情況。此時想一想，同樣例子，如果要更泛化更通則化，你會怎麼表示？
> 　　答案是將底數 3 變成變數 a，這樣可依照使用者輸入的底數和次方數，電腦自動計算答案。

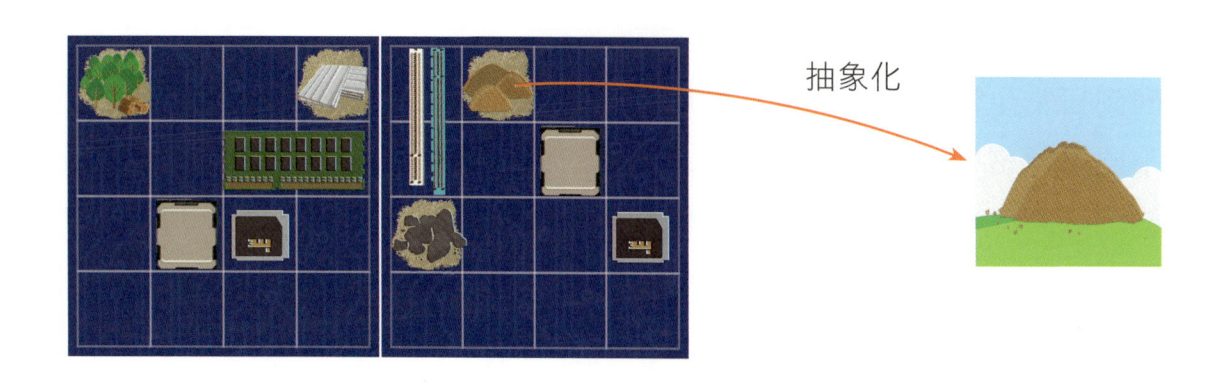

抽象化

(四) 演算法

早期在還沒有運算思維這個詞時，就已經有演算法這門科目。人類經過前述那些歷程後，最後產出解決問題的步驟，一律都被統稱為演算法的發展。實際上，運算思維真正廣為人知是從 2006 年才開始，更早的時候，主要用語都是資訊科學的人所重視的「演算法」這個詞。

然而，隨著資訊時代來臨，機器人、無人車、無人超商⋯等，將可能是未來世界的民生必需品，如此人類將需要讓問題可以被資訊科技更有效地處理，因此就有了「運算思維」這個用語，並且細分出許多歷程。

換句話說，自從 2006 年周以真教授提出運算思維是一種普遍適用於生活環境中的技能，不只是刻板印象中電腦工程師才會使用的技能，而是人們在生活中都應該保有積極的態度，並且了解與使用此技能。簡單來說，運算思維是利用電腦科學的基本概念進行問題解決、系統設計與人類行為理解的思維模式。同時，也讓我們可以擁有電腦科學家面對問題時所持有的一種思維模式。

運算思維的能力和限制都建立在運算處理的過程中，不論是在人們腦中執行，或是經由電腦執行運算，都可被歸類為處理運算思維的過程。在孩童的學習階段時，除了 3R 的能力：閱讀（reading）、寫作（writing）、算術（arithmetic）之外，也應該教育孩子如何掌握運算思維技巧，進行邏輯分析的能力。所以，運算思維素養被現今視為跟語文素養一樣的泛化學習。臺灣近年推動的運算思維素養，是希望未來人類便於與資訊系統溝通和問題解決。類似三十年前臺灣推動語文素養，希望社會上沒有文盲，更不用說現今人類發展速度與一百年前也已經有天壤之別。

使用桌遊寓教於樂，讓玩家實際運用邏輯思考，練習規劃流程，完成問題解決的演算法。桌遊是以不插電的情境學習，思考以下問題，如果只能使用白色控制卡，如何讓機器人達成到達沙土所在地的任務。以圖 2-4 左圖的任務情境，玩家可以思考如何排出一系列的卡牌來達成解任務的目標，圖 2-4 右圖從上而下一系列卡牌，作為問題解決的步驟組合，即為這個玩家所想的演算法。

如何從桌上遊戲學習結構化程式設計邏輯

情境問題：機器人所在的情境

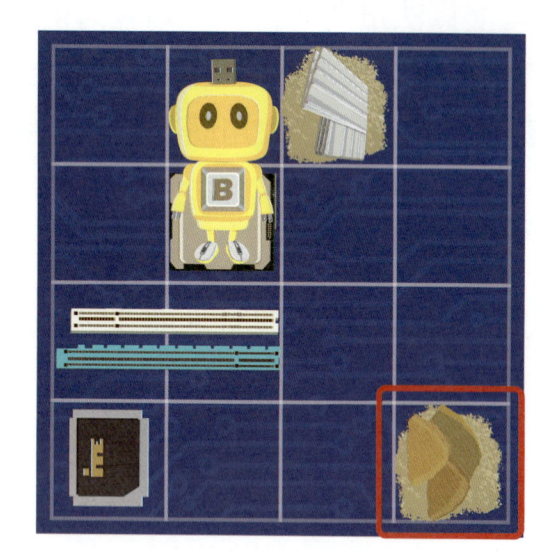

參考答案：演算法

Left 左轉 ☐
Forward 前進 ☐
Forward 前進 ☐
Right 右轉 ☐
Forward 前進 ☐
Forward 前進 ☐

角色前進1格

● 圖 2-4　Robot City 情境任務與解任務步驟範例

📢 提醒

演算法的表達方式，可以是步驟化的文字敘述、圖形表示的流程圖，或者是一種接近高階程式語言的表達，但實際上是便於人類閱讀而電腦不一定可以直接執行的虛擬碼（Pseudo Code）。本書將 Robot City 的解題，與資訊科技中的流程圖單元自然整合，流程圖這個單元在國中一年級的新課綱中有出現，先以不插電的邏輯訓練，日後再上機，可建立學生寫程式解任務的基礎邏輯能力。以小學生而言，則不用特別注意到卡牌上右上角的形狀所代表意思，日後見到國中一年級流程圖的內容將可產生連結。

綜合上述一～四這四個歷程，可以知道運算思維通常是從問題拆解開始，但這四個歷程沒有限定一定順序，全由思考者要先從哪裡開始。運算思維只是描述了我們在思考問題，以及使用系統的歷程，周以真教授強調運算思維的重點不在於電腦硬體運作或是要模仿電腦思考，反而是著重我們如何透過電腦幫助我們研究或解決問題。運算思維不僅是問題解決的主軸，更應該是制定問題和發現問題，意味著運算思維不僅可以讓電腦理解處理方式，同樣也可以用在人類日常中了解問題或解決方案。

　　人類可以透過操控機器或電腦形成運算思維過程，廣義地擴大了運算思維的應用範圍，周以真教授強調運算思維不再只是電腦的運算功能，而是在教學中強調訓練思維的能力。然而，這樣的一個推廣，是需要教育工作者的專業知識來形成這樣的環境。周以真教授明確指出：「如果我們期望落實運算思維的基礎訓練，那麼我們就應該提早在童年的學習時期投入心力。（Wing, 2008）」而透過桌遊不插電的方式，將是一個不錯的方式，也是過去 12 年間，運算思維文獻中曾經使用的媒介之一（Hsu, Chang, & Hung, 2018）。

2-2　Robot City 學習策略

Robot City 鼓勵玩家二人為一個陣營，但是各自有一隻機器人。所結合的學習策略包括合作和競爭，如下表 2-1 所示。

● 表 2-1　新機器人蓋城市桌遊的學習策略

策略	結隊編程	組內合作	組間競爭
桌遊中的實現方式	① 步驟化：演算法設計 ② Code Review：檢查或討論選擇彼此的最佳排程	① 內部積極相互依賴 ② 討論與交換控制卡 共同目標：共用任務卡	外部競爭：完成的任務總積分

針對這些學習策略，桌遊搭配的遊戲機制分別說明如下，包括以合作學習促進同儕互動與結隊編程、以競賽激勵組間競爭、以獎勵促進學生學習動機。

一　合作

合作帶來同儕的互動，對於如何分組是需要認真看待的事。同組的兩人可以交換手上的控制牌，或是要限制最多只能換幾張，可以彈性調整教師的教學活動設計。換牌除了增加卡牌指令的靈活運用外，更激發隊員溝通，促進同學間的討論，有利於更快收集到需要的原料來完成建設任務。

以程式語言來說，也常採用結隊編程，同團隊的工程師，可以互相作程式碼檢視的動作。在桌遊中，可以從隊員所排的卡牌，看出隊員大腦中的邏輯和想法，進而才能提供指正或參考意見給隊員，否則每個人所想的事情放在大腦中是看不到的。如圖 2-5 左圖，提供學生鷹架或是同儕激勵與互動，比較容易跨越近側發展區。藉由同儕互動，學生可以比自己一個人時解決的問題更多更深。圖 2-5 右圖則是以運算參與的形式，來促進運算思維的養成。

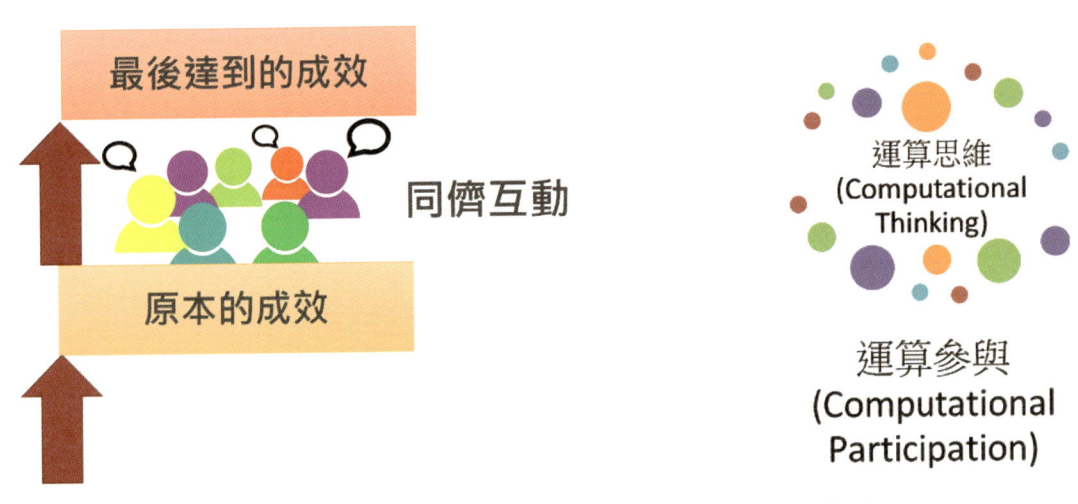

• 圖 2-5　透過運算參與歷程提升運算思維成效

二　競爭

雖然組內二人是合作與積極互賴的關係，但是不同組之間卻是競爭所完成的任務卡積分。換句話說，各組有自己所抽的任務卡，各有所需要收集的原料，必須趕在其他機器人之前先取得自己所需要的原料，若所需要的原料被別人先拿走，也必須盡快設定新路徑去取得下一個目標。

> **提醒**
>
> 如果要競爭更激烈，可以考慮設置沙漏計時，限定每個人思考出牌的時間。但是，如果只是在初學階段，建議多一點時間讓玩家思考。

三　獎勵

玩家可從玩桌遊中訓練思考，不是將學習只停留在記憶遊戲規則或是運算思維概念上，而是實際運用運算思維於解任務卡的過程中，增加玩家的理解、應用、分析、評估與創意等高層次思考能力。

玩家親自練習分析，自然而然經歷運算思維過程，收集到解任務卡時所需要的原料，完成任務卡上的建設任務，並獲取積分，這個積分可以加總，是一種常見的遊戲機制。如果遊戲結束時，任務卡的建設任務未完成，那麼該任務卡上已經收集的原料卡，只能每一個計 1 分。因此，玩家必須作妥善的資源分配，讓自己的總積分可以最高。從收集原料並完成任務的過程中增加成就感，這些雖然是外在動機，但是學生認真於遊戲過程中，自願扮演特定角色時，表示學生已經有很好的內在動機。獎勵機制在教室中不可欠缺，但也不宜過多。

動動腦

題目名稱：瓢蟲機器人

瓢蟲機器人的控制指令如下：

◆向前走 N：瓢蟲機器人向前走 N 步（N 是正整數）

◆左轉：瓢蟲機器人原地向左轉

◆右轉：瓢蟲機器人原地向右轉

◆重複 R（其他指令）：瓢蟲機器人重複括弧內的指令 R 次（R 為正整數）

瓢蟲機器人每往前走一步，都會在走過的地板上留下一條直線，形成軌跡圖。

巴特對瓢蟲機器人下了以下的指令：

重複 2（向前走 1，右轉，向前走 1，左轉），重複 2（向前走 1，右轉）向前走 2，右轉，向前走 1，左轉，向前走 1，右轉，向前走 2，右轉。

請問下面哪一張圖是瓢蟲機器人執行完巴特的指令後所產生的軌跡圖呢？

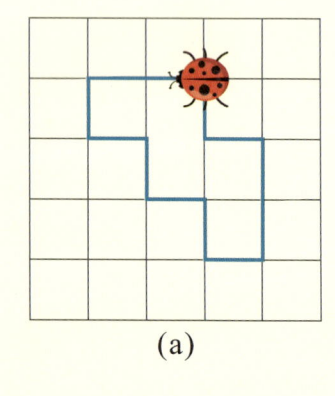

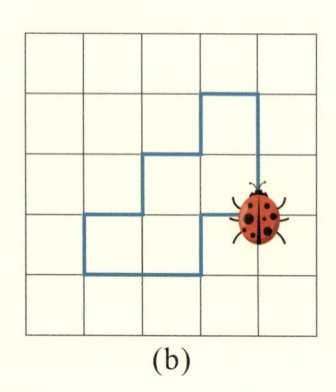

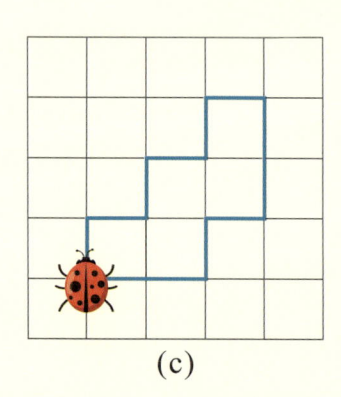

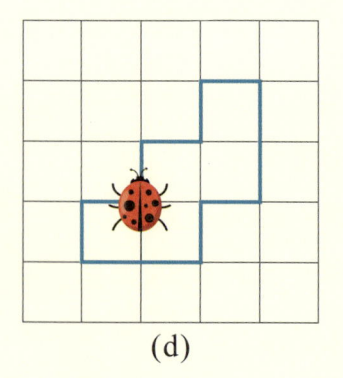

(a)

(b)

(c)

(d)

（Bebras 國際運算思維考古題，2014）

微課 3 發現問題與定義問題是萬事的起頭

發現問題與定義問題是萬事的起頭,在桌遊中同樣也需要從任務卡中去進行問題拆解,以及玩家工作分配。

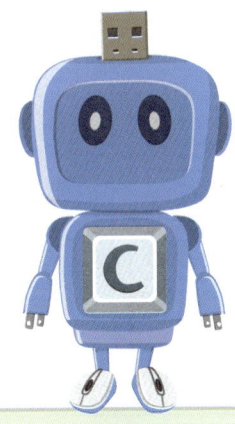

在 Robot City 中要定義問題，首先要從自己抽到的「任務卡」開始思考機器人的出發點要在哪個位置，面向哪邊，以及如何和同儕分工、溝通合作，進行解任務的分配。為什麼選桌遊作為程式啟蒙的工具？主要因為桌遊有豐富的同儕互動機會，如果玩家沒有從定義問題時就開始融入，那麼就沒有達到桌遊最關鍵的價值，以下開始認識 Robot City 中的任務卡，也就是獲得積分的主要來源。

3-1 任務卡：定義問題

培養運算思維的方式以專題式或任務導向最為常見，本桌遊共有任務卡 24 張，裡面包括 12 種不同建築物，任務卡上的原料元素，就是玩家要指揮機器人在地圖上收集的資源，收集完成後即可完成任務，並獲得任務卡上的積分。遊戲結束後會結算積分，分數高者勝出（分為 3、5、7 分，紫卡及黃卡內容無差別），使用者可以判斷優先蓋哪一種建設，將會是投資報酬率最高。

所有任務卡

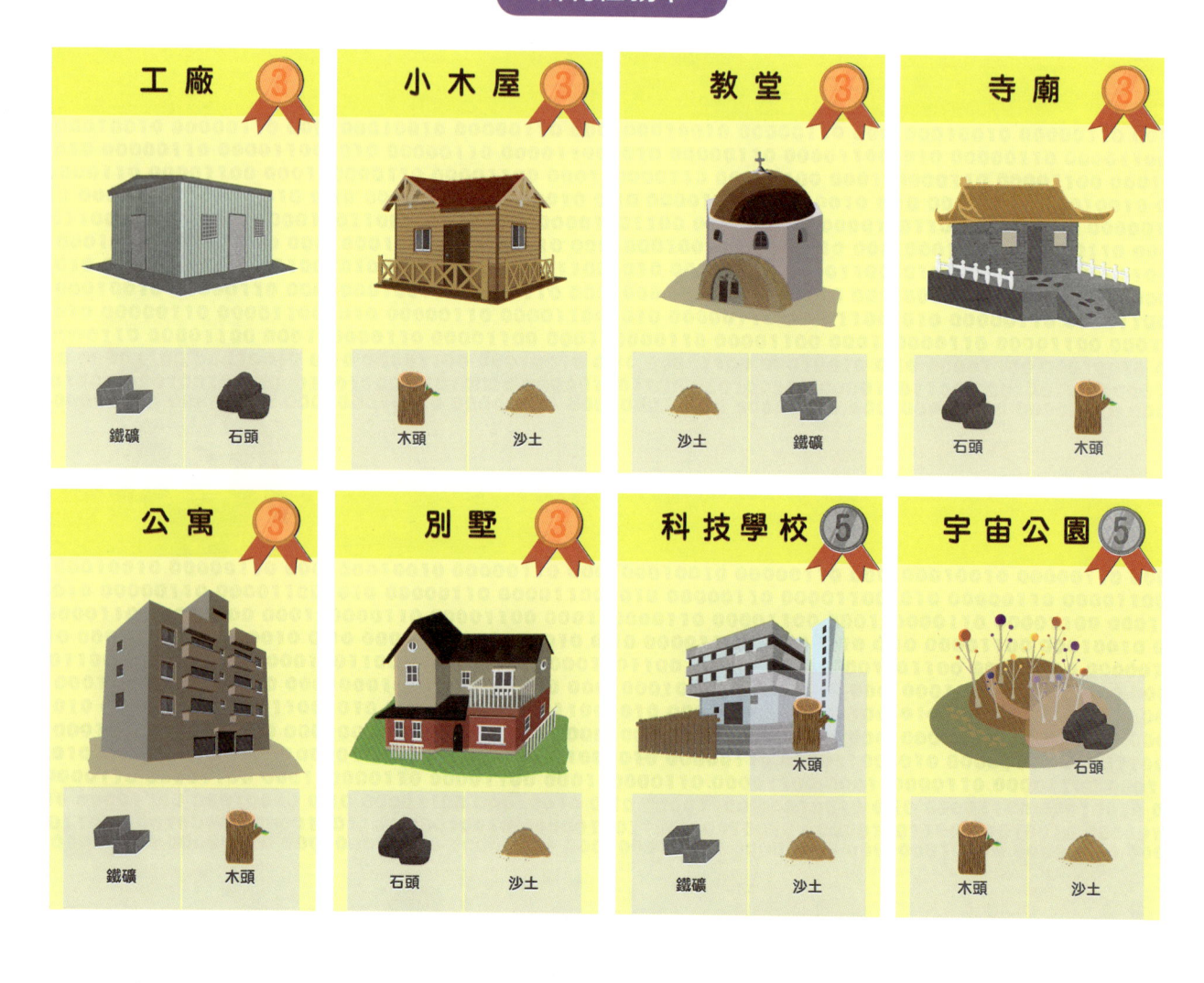

工廠 3	小木屋 3	教堂 3	寺廟 3
鐵礦　石頭	木頭　沙土	沙土　鐵礦	石頭　木頭

公寓 3	別墅 3	科技學校 5	宇宙公園 5
鐵礦　木頭	石頭　沙土	鐵礦　沙土	木頭　沙土

微課 3　發現問題與定義問題是萬事的起頭

銀河菜市場 5	車站 5	星際飯店 7	百貨公司 7
沙土	鐵礦	木頭　沙土	木頭　沙土
鐵礦　石頭	石頭　木頭	石頭　鐵礦	石頭　鐵礦

> 星際飯店和百貨公司為各 2 張，雖需要相同的原料卡，但是可以造就不同建築任務，類似物件導向中的多型性（Polymorphism），在同一個動作需求，不同物件上呼叫時可完成不同任務。

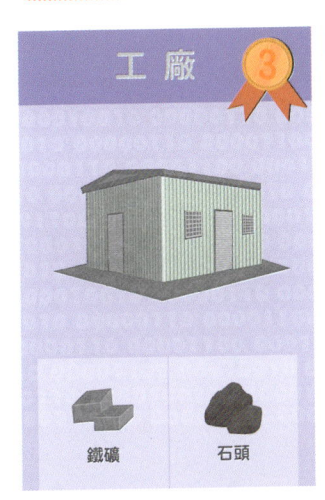

工廠 3	小木屋 3	教堂 3	寺廟 3
鐵礦　石頭	木頭　沙土	沙土　鐵礦	石頭　木頭

公寓 3	別墅 3	科技學校 5	宇宙公園 5
		木頭	石頭
鐵礦　木頭	石頭　沙土	鐵礦　沙土	木頭　沙土

> **提醒**
>
> 資訊科技中最重要的考慮因素之一是效率，這需要一點除法背景和觀察力。本遊戲之任務卡，除了可以 5 歲以上小朋友日常遊戲和休閒娛樂解任務外，也可以搭配教案進行 108 新課綱，作為國中一年級流程圖演算法的單元之輔助教材，同時也是對應生活科技營建單元的有趣遊戲。

綜合以上，各種需要建設的任務卡，明細如表 3-1 所示。

● 表 3-1　不同任務的積分表

概念	卡牌	張數	介紹				
任務卡牌	12 種不同的建築物	24	---3 分---	鐵礦	石頭	木頭	沙土
			工廠：2 張	●	●		
			小木屋：2 張			●	●
			教堂：2 張	●			●
			寺廟：2 張		●	●	
			公寓：2 張	●		●	
			別墅：2 張			●	●
			---5 分---	鐵礦	石頭	木頭	沙土
			科技學校：2 張	●		●	●
			宇宙公園：2 張		●	●	●
			銀河菜市場：2 張	●	●		●
			車站：2 張	●	●	●	
			---7 分---	鐵礦	石頭	木頭	沙土
			星際飯店：2 張		●	●	●
			百貨公司：2 張	●	●	●	●

3-2 原料卡：問題拆解

　　為了達到以上未來世界的建築之建設任務，必須指示機器人去取得原料，才能有資源可以完成任務卡上需要的建築物。以下說明 Robot City 桌遊的原料卡，共有四種原料元素，每一種各 15 個，將此面朝上擺放在地圖上對應相同原料的位置。

所有原料卡

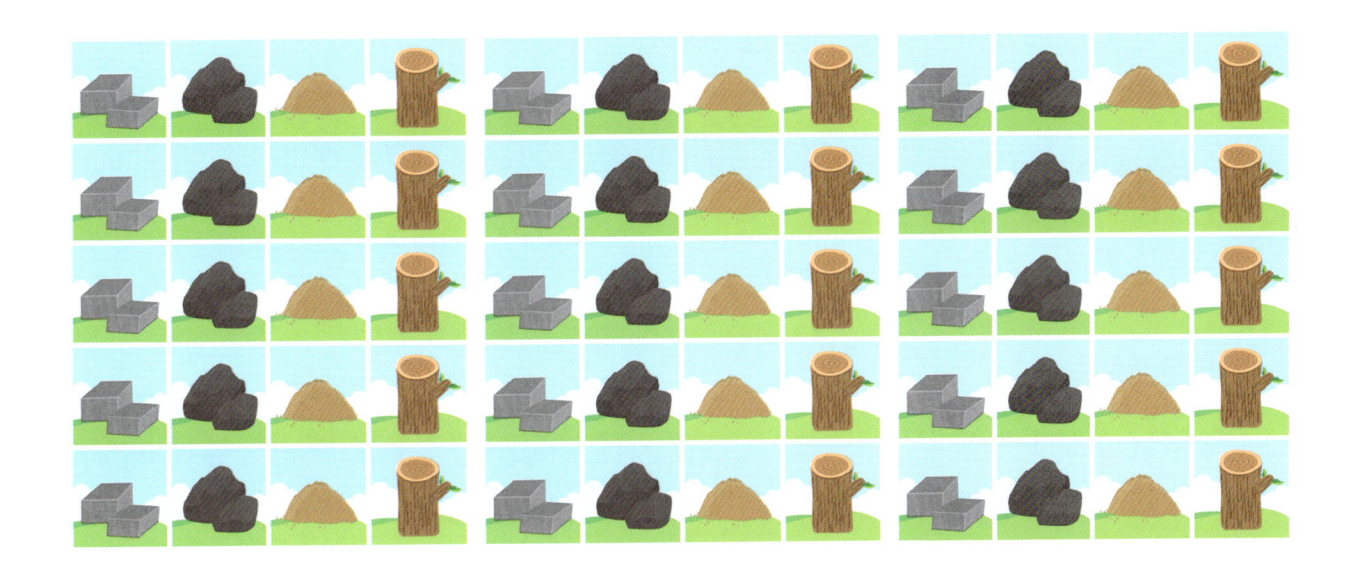

　　玩家需要注意不同任務所需要的原料卡、數目也不同，除此之外，在自己排列組合的地圖上面，每個原料分配的數目也不盡相同。要解決任務，都必須從觀察入微開始，進行解任務分析時，是否需要調高取得稀有資源優先權，都可以引導玩家在遊戲過程中去思考。

3-3 暫存卡：緩衝儲存所收集的原料

　　暫存卡可以做為一個原料的暫存站，類似電腦中的緩衝儲存一樣，存放桌遊中所收集到但現有任務卡還不需要的原料。

　　因此，本桌遊設計的暫存卡共 8 張，方便玩家可以評估資源的重要性來囤積。以下針對暫存卡的遊戲方式作說明：

一 陣營方式

　　1 個玩家分配 1 張暫存卡，故每個陣營有 2 張暫存卡。如此一來，每陣營最多 2 個暫存原料的空間，而且只要收集 2 個目前任務卡用不到的原料，就可以跟公家[註]「換」1 個原料；或是玩家使用交換卡時，可將 1 個暫存的原料，和其他玩家的任一原料交換。（註：公家指的是尚未放置於地圖上的剩餘原料卡，與公家換取原料時，可指定由一人處理，在玩家見證下進行）

二 個人玩家

　　每個玩家有 1 張暫存卡。若收集到目前任務卡使用不到的原料，等待有交換卡時，就可以把自己的暫存卡上存放的原料，和其他玩家的任一原料交換。或直接和公家互換，以完成自己任務卡所需。

暫存卡

只能放一個原料卡，不論是木頭、石頭、鐵礦或是沙土

3-4　打包主題式學習

到這邊為止，已經有運算思維基本概念與對 Robot City 桌遊的基本認識，接下來就要讓玩家從桌遊中活用自己的運算思維來解決任務。

首先，先從程式語言的循序結構開始做演練，透過本桌遊，5 歲以上會「排順序」的小孩，也就是幼稚園大班都能玩。除了可以培養運算思維的基礎之外，也對於空間更有概念，尤其還無法熟練分辨左、右邊方向性的幼兒，更是很好的空間訓練，以及日常生活中問題解決時，可以思考一些替代方案的可能，例如沒有左轉卡時，可以用三張右轉卡替代。這些不需要艱難的數學，在長大以後，可以知道原來逆時針轉 90 度，就是順時針轉 3 次 90 度（即 270 度）的概念。

教材設計日漸多元化，遊戲式的學習教材首要趣味，且具備明確的主題，達到挑戰性、可控制性、心流等遊戲性，可以從對應日常生活的情境起步，如圖 3-1 所示，然後從玩中學，培養認知、情意和技能，最後跨域整合，不只是提升學習動機而已，在遊戲中更潛藏學習。在下一微課中就來看看桌遊如何潛移默化，學習結構化程式設計的邏輯。

● 圖 3-1　融合運算思維在主題式學習中

微課 4 循序結構

　　結構化程式設計的第一個結構：循序結構，可結合桌遊的白色控制卡，也就是藉由使用行動卡來進行循序結構的學習。

Robot City 桌遊有一個明確目標：「找到原料或資源來完成任務。」情境：一群機器人正在地圖上收集建設原料，玩家們必須透過指令來控制機器人，使他們走對方向並完成收集原料的工作，有對應的原料就可以蓋好特定的建築物囉！

4-1 「起始值」設定的概念

從 Robot City 的分級設計得知，初學者最好先從白色控制卡開始玩，機器人可以選定自己要出發於哪一個 CPU，以及選擇站立方向，如圖 4-1 所示，就跟在程式中設定起始值一樣，例如 Scratch 預設起始面向右。

資源有限
在地圖上放置相對應的原料元素小卡。

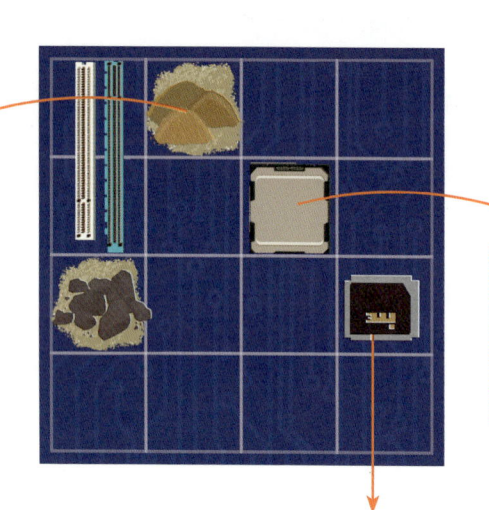

RUN 角色起點（CPU）
自選某一個地圖上的 CPU 作起點位置。

Goto 的概念
遊戲方法：可以讓機器人透過這個 SIM 卡進入，另一個 SIM 卡出來，但是不能改變機器人方向。

• 圖 4-1　地圖上的主要元件

結構化程式設計中，第一個基本的結構，就是循序結構。所謂循序結構是指單一入口、單一出口，程式會一步一步執行。在 Robot City 桌遊中，白色控制卡正是讓學生練習循序結構流程圖的好教具。

通常幼稚園的小孩，就只是按部就班地學習，而這桌遊對這些幼兒是很好的遊戲式學習工具，可訓練小孩解決日常生活中問題的能力，以及讓小孩練習思考與使用替代邏輯，而非單一邏輯來解決問題。因此只要看得懂注音的小孩，就可以使用白色控制卡玩 Robot City。

以下先簡介一下 Robot City 最初級的白色控制卡卡牌內容，再進一步說明一些活動實例。

4-2 循序結構的控制卡介紹

五種控制行動卡具有「循序結構」的運算思維，是可控制機器人移動方向的卡牌，如圖 4-2。

U-Turn 迴轉 □ ：角色原地迴轉

Backward 後退 □ ：角色後退1格，方向不變

Forward 前進 □ ：角色前進1格

Left 左轉 □ ：角色原地左轉

Right 右轉 □ ：角色原地右轉

• 圖 4-2　循序結構控制卡（白色控制卡牌）

活動實例

從定義問題接著問題拆解後出發，此時如果你是玩家，要怎麼解任務？在圖 4-3 的桌遊中，如何控制機器人到達石頭的位置？請使用圖 4-2 的五種白色控制卡，來排列出問題解決的流程，答案未必只有一種。

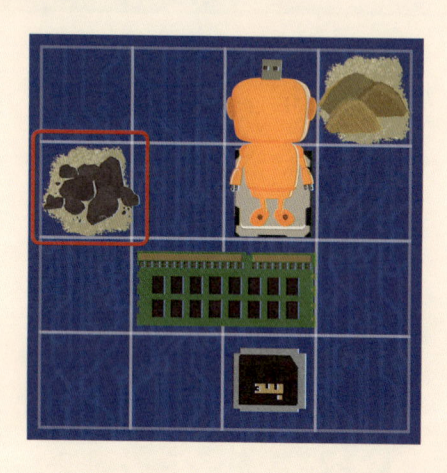

• 圖 4-3　使用 Robot City 練習循序結構的邏輯

高手解答

| 最建議的桌遊卡牌排法 |

Left　左轉
Forward　前進
Forward　前進

角色前進1格

| 以「流程圖」來表達此演算法 |

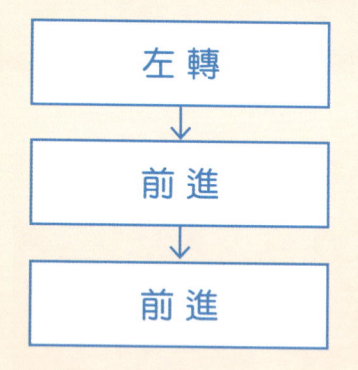

左轉 → 前進 → 前進

從上面練習中，可以發現白色桌遊卡右上角故意設計一個「長方形」，是有什麼隱藏的意義呢？現在有一些免費的流程圖軟體，或是可以直接在雲端應用程式中繪製流程圖，如圖 4-4 是使用 Draw.io 來繪製流程圖的畫面，左邊有各種形狀的圖示。其中長方形在流程圖中通常代表是「處理」（Process），也可看作機器人執行一個指令的意思。

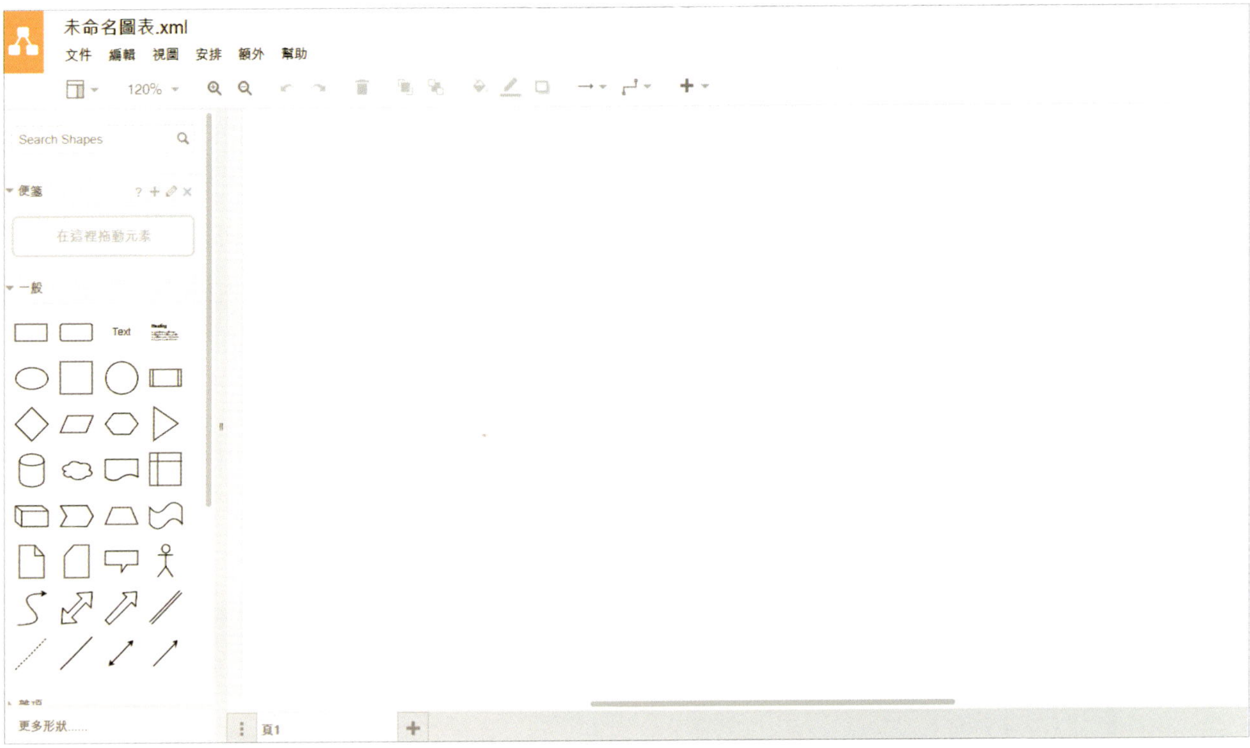

● 圖 4-4　Draw.io 流程圖繪製軟體

提醒

如果還沒有學到流程圖所代表的意義之前，可以先不用理會，待學到流程圖時，這個隱含的意義就可以進行說明。各種流程圖所代表的意義可參考附錄二，其中比較常用的形狀和功能大多會設計在此桌遊控制卡的右上角。

4-3 循序結構與日常經驗結合

　　玩 Robot City 時，如果人數夠多，建議二人一組為佳，最好不要自己一個人一組，這樣同一陣營的雙方，可以藉這次解任務中進行各自機器人的角色分配，因為在遊戲情境中，往往解法不是唯一，這時隊員間可以討論並且共同評估出最佳路徑和分配。

　　循序結構適合幼稚園大班以上的幼兒玩，可以和日常生活中的邏輯相連結，例如如果沒有右轉卡，可以思考替代邏輯為一張迴轉卡加上一張左轉卡，來達到右轉效果，幼兒甚至可以自己站起來轉角度看看，再執行桌遊上的機器人。待他們長大後，學到數學旋轉角度問題時，就能依照舊經驗將這個邏輯和數學做連結。

動動腦

請想一想，如果你沒有迴轉卡，那麼想要迴轉時，你可以使用哪些卡牌，來達到這個動作需求？（答案不只一種）

微課 5 選擇結構

　　結構化程式設計的第二個結構：選擇結構，又稱條件結構，除了上一章的白色控制卡之外，再加入綠色控制卡，即可在其桌遊活動中，練習到選擇結構的邏輯，同時也在綠色控制卡中練習到 Not（相反）、And（交集）、Or（聯集）等這些邏輯處理。

在結構化程式設計中，如果需要判斷或是決策，就會使用到選擇結構，有些資訊科技的書本又翻譯為「條件結構」。可以是單一條件測試，成立的話就做什麼事，但是不成立時就做另一件事，也就是二選一的邏輯。通常小孩如果和父母談條件時，就會使用到「選擇結構」，他們的迷思概念常常在於誤以為「是」和「否」二件事都要做，這時家長或老師宜適時地糾正小孩的迷思概念。

5-1 選擇結構的控制卡介紹

選擇卡具有「選擇結構」的運算思維，將「是」或「否」條件判斷設計在控制卡中。如下表 5-1 所示。

• 表 5-1　選擇結構控制卡（綠色控制卡牌）

邏輯說明	Or：三格中其中一個成立，就可以條件成立。	Or：最少或同分二者其中一個成立，就可以條件成立。	單一路徑：條件符合的時候做，不符的時候直接跳過（只有「是」，沒有「否」的選項）。
綠色卡牌	 前方三格內有資源？ 是：前進至資源上方 否：後退1步	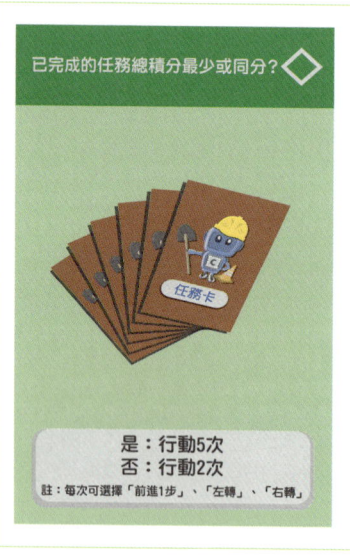 已完成的任務總積分最少或同分？ 是：行動5次 否：行動2次 註：每次可選擇「前進1步」、「左轉」、「右轉」	 所有地圖上該原料已用盡？ 是：補充用盡的其中1種原料卡1個

邏輯說明	二選一		Not 邏輯
綠色卡牌	前方一格有障礙？ 是：左轉 否：前進1步	前方一格有障礙？ 是：右轉 否：前進1步	前方一格沒有障礙？ 是：前進1步 否：右轉

Robot City 的選擇結構控制卡，正是對應程式語言中的 if…then 或 if…then…else，使用流程圖來表示演算法時，常常在流程圖中是使用「菱形」的圖示，if 裡面寫上判斷條件，來決定下一個步驟往哪裡走。因此表 5-1 中的綠色控制卡，可以看到卡牌的右上角有一個「菱形」（各種流程圖所代表的意義可參考附錄二）。

在表 5-1 卡牌中，也隱藏有 Not、And、Or 這些基本邏輯運算，下面以表 5-2 真值表來表達這三個邏輯，1 代表條件成立，0 代表條件不成立。將這些邏輯運算，自然而然融入在日常生活中的舊經驗，例如圖中有停車場的柵欄，這個認知設計是玩家從日常生活中就可能常看到，可以連結其大腦舊經驗，並依據現有條件是否成立來產生判斷。

• 表 5-2　Not、And、Or 真值表

輸入		邏輯運算結果			
X	Y	Not X	Not Y	X And Y	X Or Y
1	1	0	0	1	1
1	0	0	1	0	1
0	1	1	0	0	1
0	0	1	1	0	0

1 代表 True（條件成立）；0 代表 False（條件不成立）

5-2　流程圖與桌遊練習

　　下圖 5-1 桌遊卡牌，依照遊戲規則由上而下疊卡，不只呈現方式符合注意力設計，而且實際上可以對應到以流程圖來表示演算法。（各種流程圖所代表的意義可參考附錄二）

圖卡排程
- 由上而下
- 疊卡不佔空間
- 認知設計

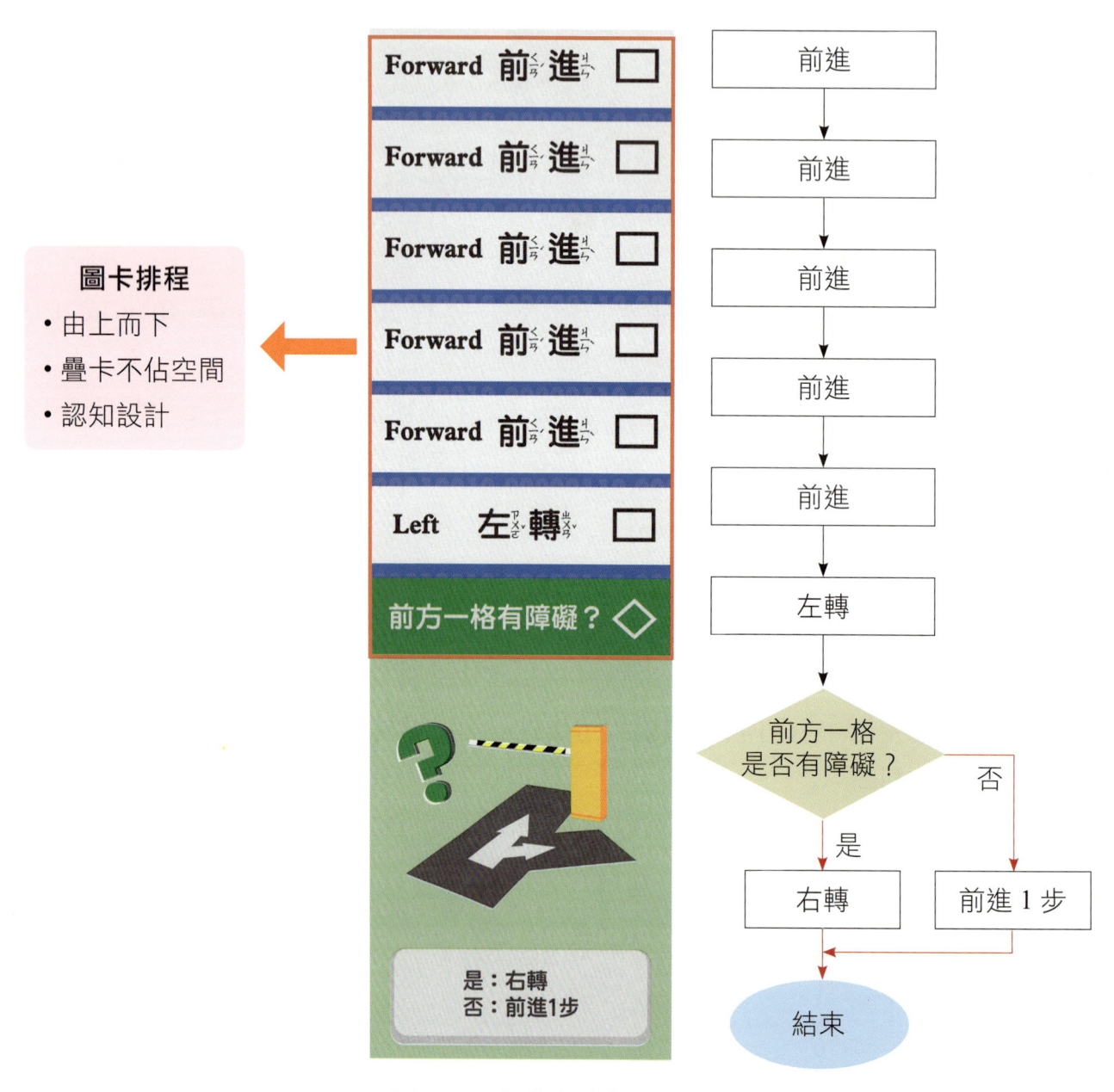

• 圖 5-1　桌遊卡牌對應流程圖

活動實例

從定義問題接著問題拆解後出發，機器人需要有明確的可控制性。下圖可以看到在桌遊中機器人的情境，此時如果你是玩家，要怎麼解任務？

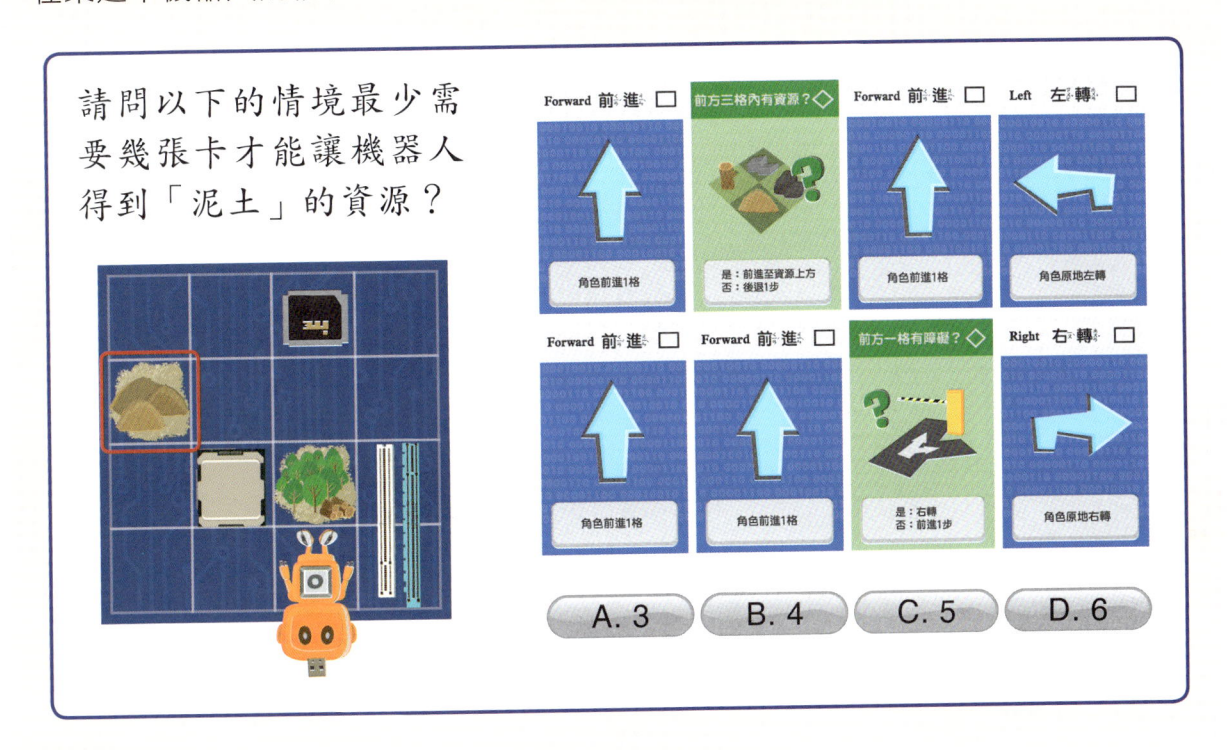

請問以下的情境最少需要幾張卡才能讓機器人得到「泥土」的資源？

A. 3　　B. 4　　C. 5　　D. 6

高手解答

B（前進 ×2 張，左轉 ×1 張，前方三格內有資源 ×1 張）

動動腦

請參考附錄二流程圖形狀說明，自己繪製一條件流程圖以說明，當你中大樂透就帶家人去環遊世界，否則就待在家裡看旅遊頻道。

微課 6　重複結構

　　結構化程式設計的第三個結構：重複結構，除了前二章提到白色控制卡、綠色控制卡之外，再加入黃色控制卡，亦可在其桌遊活動中，練習到重複結構的邏輯，對於將來使用已知迴圈次數（例如：For 迴圈）的程式邏輯有所幫助。

本桌遊是以黃色控制卡卡牌來執行 For 迴圈之重複結構，也是 Robot City 桌遊中 3 顆星的邏輯困難度。

當學生遇到一件事需要重複進行時，就需要找到可以重複的區段，以及判斷重複的次數。在這個桌遊中，有二組重複卡，分別為一組用在重複 2 次，與一組用在重複 3 次時，這對應到程式設計中已知迴圈次數的重複結構，許多程式都是用「For」來代表。然而，如果有使用者，想要重複執行 4 次或重複 6 次的動作，有什麼方法可以做到呢？

> **提醒**
>
> 如果玩家低於小學二年級，並不建議玩黃色控制卡，因為臺灣小學二年級的學生，還未正式學過數學乘法，學生若排列到「雙層」重複結構的話，可能無法理解。

6-1 重複結構的控制卡介紹

重複卡具有「重複結構」的運算思維，可以重複以下整個序列的動作，如不需重複的卡牌，則避免排入須重複的序列之內。

重複 2 次 ⬡	重複 3 次 ⬡
以下行動重複2次	以下行動重複3次
6 張	2 張

• 圖 6-1　重複結構的所有控制卡（黃色控制卡牌）

Robot City 的重複卡是對應程式語言中的 For 迴圈，適合使用在已知重複次數的結構中。使用流程圖來表示演算法時，For 迴圈在流程圖中常使用六邊形的圖示表示，因此圖 6-1 可以看到黃色控制卡的右上角有一個「六邊形」。如果還沒有學到流程圖所代表的意義之前，可以先不用理會，待學到流程圖時，再對這隱含的意義進行說明。（各種流程圖所代表的意義可參考附錄二）

活動實例

從定義問題接著問題拆解後出發，如下圖可以看到在桌遊中機器人的情境，此時如果你是玩家，要怎麼解任務？

高手解答

C（前進 ×2 次，右轉 ×1 次，前進 ×1 次）

動動腦

利用以下卡牌，排出機器人走到石頭的順序。

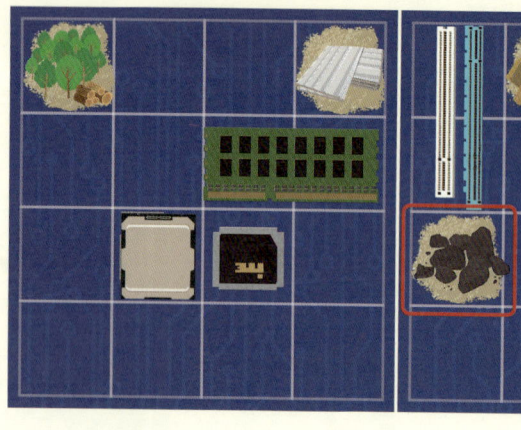

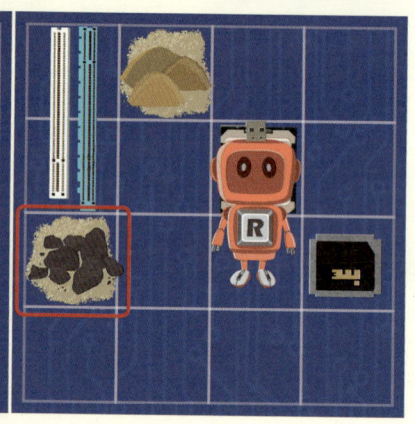

Forward 前進 □	重複 2 次 ⬡	Right 右轉 □
↑	↺2	→
角色前進1格	以下行動重複2次	角色原地右轉

6-2 重複次數計算練習

　　為了讓同學更清楚單層迴圈和雙層迴圈的執行次數，在此章節透過控制卡進行幾題的重複次數計算演練。當機器人位於如下圖 6-2 地圖中所示的情境，試著回答以下幾個桌遊練習題。

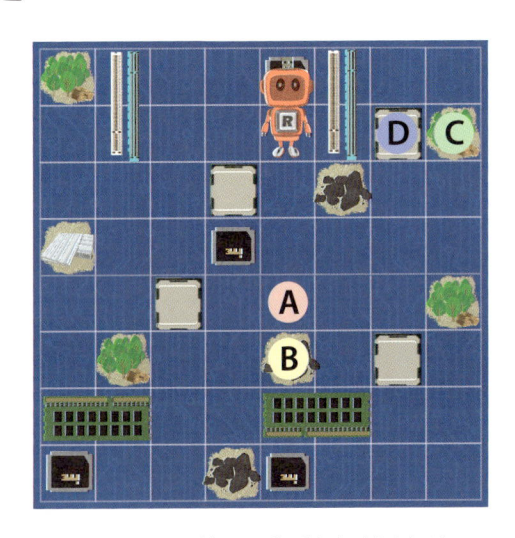

• 圖 6-2　機器人所處的情境

如果玩家使用三張控制卡，如下圖 6-3，那麼機器人將會走到哪一個位置？

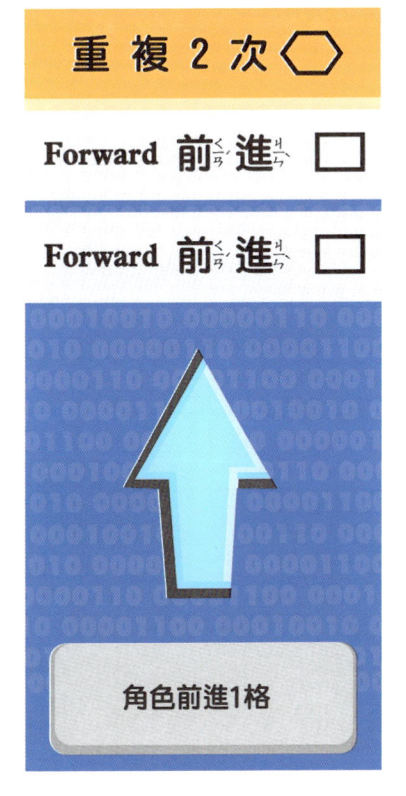

• 圖 6-3　使用重複卡並計算重複次數

上面問題的答案為 B，原因是已將二個前進卡牌都放在重複 2 次卡牌裡面，總共執行了 2×2 共四次的前進動作，因此機器人會從現在地圖上面位置，移動到 B 這個位置上。但是，如果將同樣三張控制卡，改排成如圖 6-4 排列方式，請問機器人會走到哪一個位置？

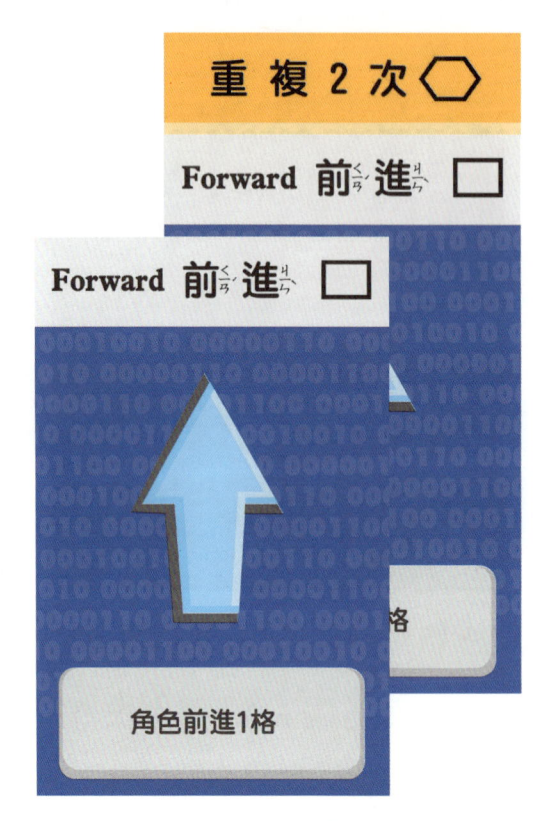

• 圖 6-4 以卡片錯開位置來表達離開迴圈

答案為 A，原因是上圖 6-4 執行結果是前進 3 步，因為只有一張前進卡牌包含在重複 2 次卡牌當中，因此前進 2 步，離開迴圈以後，還有 1 張前進卡牌，所以總共前進 3 步。

動動腦

1. 請想一想，如果執行如下圖 6-5 控制卡，那圖 6-2 的機器人會從原本位置走到哪裡？

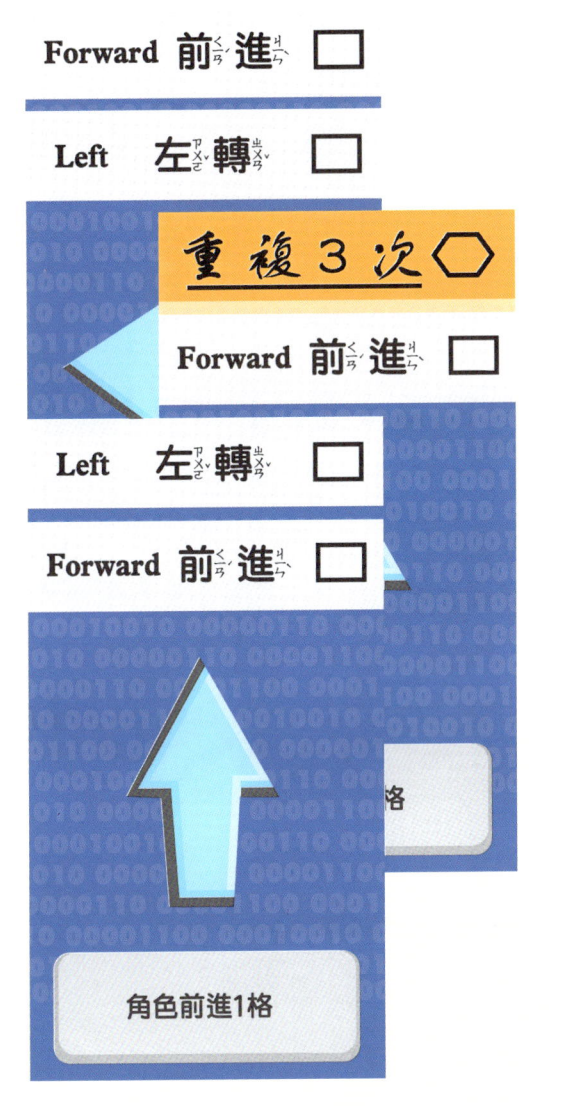

• 圖 6-5 單層重複結構執行次數計算

2. 如下圖 6-6 說明雙層重複結構，請試著計算看看，這樣機器人總共會前進幾步？

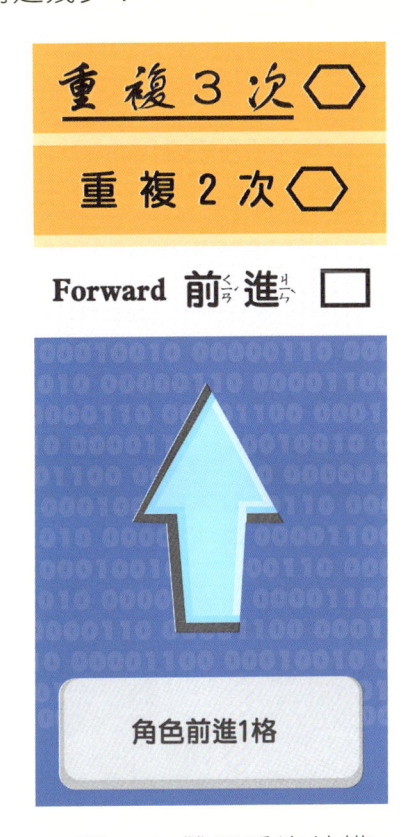

• 圖 6-6 雙層重複結構

動動腦

3. 試著練習計算如圖 6-7 多層重複結構，請問這樣機器人總共會前進幾步？

- 圖 6-7 多層重複結構

4. 同上題，如果重複 2 次沒有包含在重複 3 次多層結構裡面，而是各自獨立結構，如圖 6-8，請問這樣機器人總共會前進幾步？

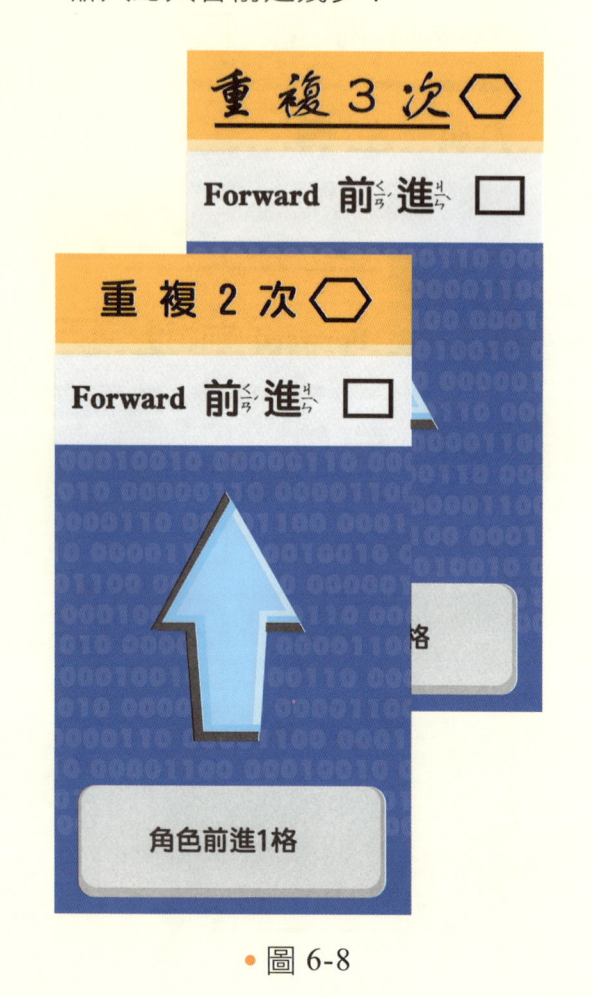

- 圖 6-8

微課 7 呼叫副程式

　　結構化程式設計具有模組化概念,除了前三章用到的白色、綠色和黃色控制卡之外,再加入橘色發動卡和紅色控制卡(又稱功能卡),即可在本次桌遊中體現到呼叫副程式的邏輯。

結構化程式設計中，有一個最重要的模組化概念，可以寫成函數或是副程式。而這個桌遊中，只能體現呼叫副程式。如果加入傳遞參數時，將會使得桌遊難度加深，故本桌遊中沒有在呼叫副程式時傳遞參數的設計。

7-1 模組化的卡牌介紹

一 發動卡

有各種功能可以控制機器人在地圖上移動及發動特殊行為。而發動卡就是「呼叫模組」的運算思維。需使用發動卡，紅色功能卡才得以發動其內容。

- 圖 7-1　在遊戲中，可呼叫副程式的呼叫卡牌稱作「發動卡」（橘色控制卡）

三 功能卡

功能卡具有「功能模組化」的運算思維，必須搭配橘色發動卡才能使用。

中獎
需放在發動卡旁邊，就可以獲得任意一個資源（僅限發動一次，不受重複卡影響）

交換
需放在發動卡旁邊，就可以指定一名敵人，將手中的一個資源，跟對方交換任意一個資源

病毒
需放在發動卡旁邊，就可以指定地圖上特定一個機器人感染病毒，下一回合限其最多可出卡片2張

專車接送
需放在發動卡旁邊，就可以行動5次以內，每次可選擇「前進1步」、「左轉」、「右轉」

通行卡
需放在發動卡旁邊，就可以行動5次以內，每次可選擇「前進1步」、「左轉」、「右轉」且可穿越障礙物

- 圖 7-2　副程式的基本功能卡（紅色控制卡牌）

提醒

卡牌設計便於玩家從圖示中對應該卡牌的意義，例如：通行卡，小女孩手拿一張PCI擴充卡，用 PCI-E 擴充卡可以通過插槽的障礙物。

7-2　跨領域設計數學座標之功能卡

在運算思維中屬模型識別，跨域應用將數學直角三角形隱藏在功能卡中。數學座標的概念不只在國中數學中是重要的單元，而且對於電腦繪圖也極為重要。包括 Scratch 中的物件（例如：貓咪），也都有位置座標和方向性，這些空間和方向概念，在 Robot City 桌遊的地圖和機器人方位安排中，可以有許多的演練機會。

輸送帶 1
需放在發動卡旁邊，就可以移動至前方3格、左方2格的位置（無視中途障礙）

輸送帶 2
需放在發動卡旁邊，就可以移動至前方3格、右方2格的位置（無視中途障礙）

輸送帶 3
需放在發動卡旁邊，就可以移動至前方2格、左方3格的位置（無視中途障礙）

輸送帶 4
需放在發動卡旁邊，就可以移動至前方2格、右方3格的位置（無視中途障礙）

• 圖 7-3　具方向座標的功能卡（紅色控制卡牌）

7-3　活用在不插電的資訊科學

　　Robot City 亦有和埔里國中謝宗翔老師的《偷插電的資訊科學》結合，在科技領域教學研究中心網站中有三份教案可以下載，裡面可以用這個桌遊的零件，來訓練學生的搜尋邏輯和加解密，以及解壓縮等概念。可直接連結圖 7-4 QR Code，下載相關資源與其他補充玩法。另外，南投埔里國中在 106 學年度第二學期的資訊科技課中，也設計出與 Robot City 相關的月考考題，讓桌遊與課程實際結合。

• 圖 7-4　教育部中等教育階段科技領域教學研究中心網站

活動實例

以下所有卡牌都必須使用到，排出機器人走到鐵礦的順序。

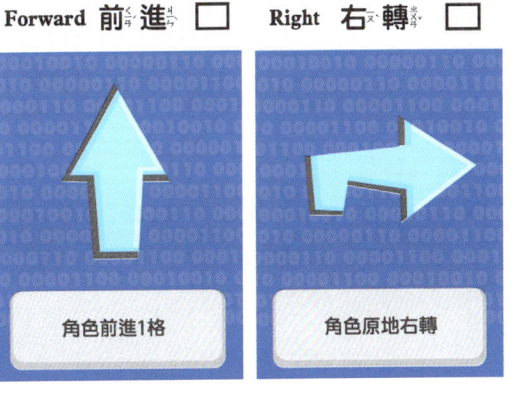

Call 發動 →	通行卡	Forward 前進 ☐	Right 右轉 ☐
觸發一張紅色控制卡功能	需放在發動卡旁邊，就可以行動5次以內，每次可選擇「前進1步」、「左轉」、「右轉」且可穿越障礙物	角色前進1格	角色原地右轉

64　如何從桌上遊戲學習結構化程式設計邏輯

高手解答

Call 發動 →　　通行卡

Right 右轉 □

Forward 前進 □

角色前進1格

需放在發動卡旁邊，就可以行動5次以內，每次可選擇「前進1步」、「左轉」、「右轉」且可穿越障礙物

7-4 結合重複結構與呼叫副程式

在 Robot City 桌遊中，如以下範例為發動兩次病毒卡的功能。

• 圖 7-4 發動兩次病毒卡的功能

但是，有時候某些特殊條件下，就未必都可以被重複執行的，例如下圖這一張中獎的功能卡，即便被放入重複卡中，也不能被重複執行，因為隱含有已經執行過與否的「狀態」概念，也就是即使被重複呼叫，也只有在第一次呼叫時被執行，第二次就不會再被執行。例如「中獎」卡片，就被做了這個限制。

• 圖 7-5 不被重複執行，只能有一次中獎的功能

微課 8 人人是創客——發想獨有的創意卡牌

利用 Robot City v2 桌遊中的創意卡，自己發想出擴充本套桌遊功能，例如：可以多設計一些綠卡，甚至鼓勵讀者自己設計綠卡，這樣讀者有更多機會學習到 Not、And、Or 等進階概念。

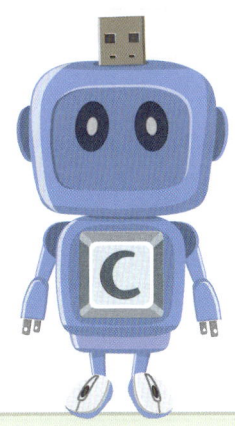

桌遊中的創意卡共 8 張，以自造的精神由學生或老師自行創造自己的卡牌，適合熟悉教育桌遊與教材教法的老師慎用，擴增現有卡牌中所沒有的運算思維機制。

使用創意卡，自行設計新的桌遊卡牌，例如：有的家長或老師，如果希望培養學生除錯（Debugging）的使用時機，就可以使用創意卡，設計成一張除錯的控制卡，如圖 8-2。

可以自行設計遊戲規則，只要沒有抽中除錯卡的玩家，一旦排出了控制卡就不能再修改，如果機器人在執行卡牌指令時，發生超出邊界或是停在障礙物上面，這就表示程式有誤，機器人需要退回該遊戲回合的原出發位置，亦即有錯（BUG）的程式，是無法被順利執行完成的，故機器人無法按照該回合玩家所出的卡牌行動。但如果玩家持有這張除錯卡，可以出示出來，並調整原本控制卡的排程，讓機器人重新按照新指令行動。

而創意卡的創作過程中，建議考慮下面幾點原則，就能自己設計出擴充程式的桌遊卡牌。

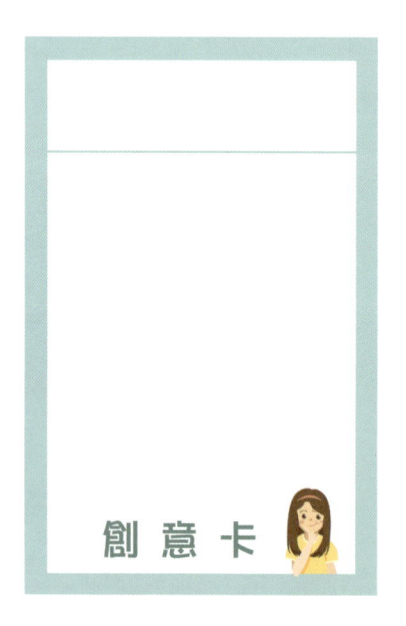

• 圖 8-1　創意卡

• 圖 8-2　使用創意卡設計成一張除錯卡

8-1　個人與合作之兩種遊戲機制參考

1. **個人戰**：一人一隊，獨自完成任務卡，收集原料元素。建議只用行動卡或是地圖拼不到 3×3 張，在還是初學者剛熟悉本桌遊的遊戲規則時可以使用個人戰方式。
2. **陣營戰**：兩人一隊，類似結隊編程，具有「運算參與」的教學設計，有著組內合作、組間競爭的意涵。

	遊戲時間	合作機制	討論與否
個人戰	較長	無	無
陣營戰	較短	互換牌	可以討論戰略

8-2　學習效果

1. 學習程式的基本概念。
2. 培養運算思維的基本能力與訓練邏輯能力。
3. 可利用不插電玩桌遊學程式，發覺程式其實一點也不難。
4. 地圖與機器人上的相關硬體圖示，具潛移默化的相關資訊。
5. 換牌及討論，訓練團隊精神，合作力量大。
6. 一人編排指令，一人觀看指令是否有誤，互相學習，培養溝通技巧，實踐運算參與。
7. 所有功能卡都避免負面用詞，傳達正向觀念。
8. 具有互相競爭激勵的效果。
9. 卡牌中隱含流程圖的圖示，讓使用者自然而然習慣。
10. 地圖可以結合數學座標概念，或是試算表位址應用。
11. 任務卡可以視為一個待解決的問題，讓學生思考如何將問題解構。

8-3　設計原則

💬 一 隨機

1. 每組隨機抽 3 張任務卡。
2. 一人隨機抽 8 張控制卡。
3. 完成任務的難易度隨著地圖版面大小而可彈性調整。
4. 地圖拼圖的排列順序是隨機的。
5. 每一次角色的起點和站立的方向是可以選擇的。

💬 二 獎勵

1. 收集素材完畢可以完成任務卡的建築物，並獲取積分。
2. 從收集素材並完成任務的過程中，增加學生的成就感。

💬 三 競爭

1. 各組之間各有所需要收集的原料元素。
2. 必須趕在其他機器人之前，先取得自己所需要的原料元素。
3. 若原料元素被別人先拿走也必須盡快尋找下一個目標。

💬 四 合作

1. 兩人一隊交換手上的控制牌，增加指令的靈活運用。
2. 促進同學間的討論與溝通。
3. 可以更快收集到原料來進行建設任務。
4. 採用結隊編程學習方法。

五 增強或特技

1. 避免地域局限：增加行動力，避免被拘束在地圖上的小區域內。
2. 具有移動力：彷彿增加遊戲技能一樣，帶來成就感。
3. 透過 SIM 卡黑洞可以穿梭在地圖上其他 SIM 卡黑洞。

六 避免使用以下具有負面影響力的功能及字詞

1. 掠奪：例如改為「交換」或「以物易物」，自己有付出代價而不是直接盜取。
2. 侵佔：例如改為「中獎」，可從公家領取，而不佔用任何玩家的資源。
3. 殺人：例如改為「中毒」而減緩某一家的行動力。
4. 負面角色：恐攻、殺手、強盜、壞人…等應予以避免。
5. 勿讓恐怖、陰險等想法出現在桌遊教育中。
6. 不潛藏任何宗教歧視或性別歧視等觀念。

七 明確目標

在桌遊中，每一輪玩家都會自行設定一個解任務的明確目標，而透過卡牌（白、綠、黃、紅）執行過程隱含著教學內容，確切落實此桌遊教育寓教於樂的明確教學目標。

以上這些負面元素都不會在本教育桌遊中出現，請教師與家長安心使用於教育用途。歡迎搭配《Robot City 機器人蓋城市：程式啟蒙教育桌遊》粉絲頁，如圖 8-3 QR Code 或是教育部中等教育階段科技領域教學研究中心所釋放出去的教案，如圖 8-4 QR Code，將可實際落實在運算思維的學習中，即便只是為當一般玩家用途使用，也可達到桌遊休閒娛樂的效果。

● 圖 8-3

● 圖 8-4

有意義的教育式桌遊學習，讓學生自然而然習得一些資訊科技相關的議題，有老師、家長及同儕的陪伴，不再是孤獨自學。在這些分析、評估的共同解任務過程中，Robot City 可以讓學生獲得一般課本所不容易體現的學習效果。

> 💡 **動動腦**
>
> 請使用創意卡設計二進位與十進位轉換的功能卡。
>
> 關於進行十進位與二進位數字的轉換，可參考「偷插電的資訊科學 1.0-二進位」單元
>
> http://uqr.to/d4iz

微課 9　從不插電到插電

　　藉由本桌遊的擴增實境方式，使用手機操作 Robot City App，掃描特定的十二個牌組，出現相對應的程式碼或練習題，提供讀者從不插電邏輯銜接到真正的程式語言表達，理解這過程中桌遊邏輯如何轉變為現實中程式的撰寫。

所謂的不插電到插電，是將不插電的桌遊卡牌邏輯轉變為現實中插電的上機撰寫程式，如果班上有程度比較好的學生，對於桌遊已經熟悉到不想玩，而且也已擔任過班上小老師的角色，這時候老師可以出一些 Robot City 的解題任務給他，除了把解決問題的流程規劃出來以外，也可實際上機把該邏輯以程式撰寫出來，不論學生所使用的程式語言是 Scratch、Python、VB 或是 C/C++ 等皆可。本微課包括擴增實境說明，可使用 Android 手機掃描指定的桌遊卡牌，可以出現相對應的程式碼或練習題，希望藉由本微課的指引，從 Google Play 下載 Robot City AR 應用程式的人，體驗從不插電到插電的學習歷程。

9-1　擴增實境牌組

桌遊卡牌有非常多元的組合，無法全部窮舉完畢。下面舉例幾個練習範例，即為使用 Robot City AR 應用程式，將 12 個牌組轉換成 Scratch、VB、C、Python 等四種常見程式語言，讓學生從桌遊卡牌延伸到程式語言對應語法的方式，體驗過不插電的邏輯，在習得某一種程式語言之後，透過電腦去實作編程，該 APP 可謂是學習的引介橋樑。

一、Robot City App 安裝說明

Step 1

進入「Google play 商店」，於搜尋欄位輸入「機器人蓋城市」。

Step 2

選擇「Robot City 機器人蓋城市 AR」。

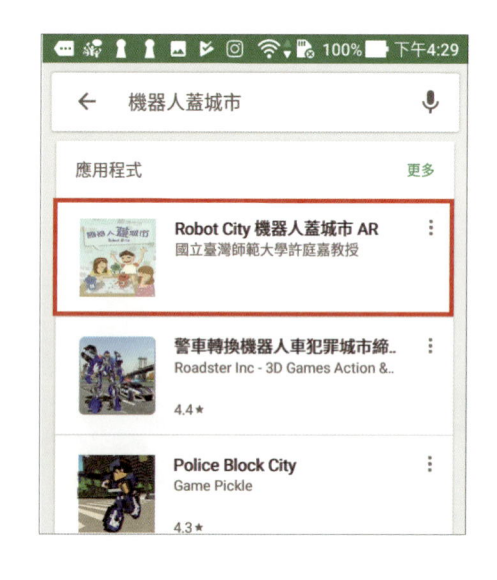

Step 3　點選安裝。

㈡ 操作 APP 擴增實境掃描卡牌

Step 1　進入「Robot City AR」應用程式介面，可點選「訪客」進入。

Step 2　將手機掃描畫面對準實際卡牌組或書中卡牌組進行掃描。

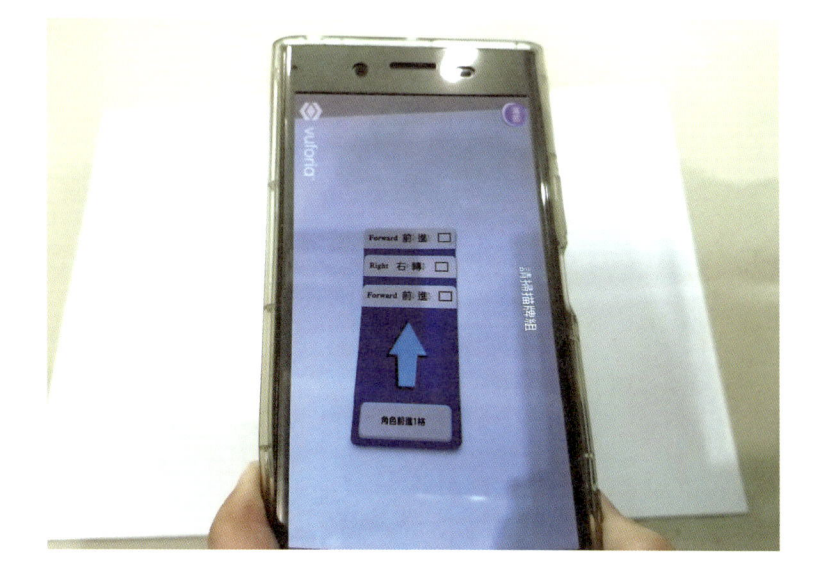

Step 3 出現此牌組的教學範例畫面與相關選項。

三、「測驗題」操作

Step 1 點選「測驗題」進入。

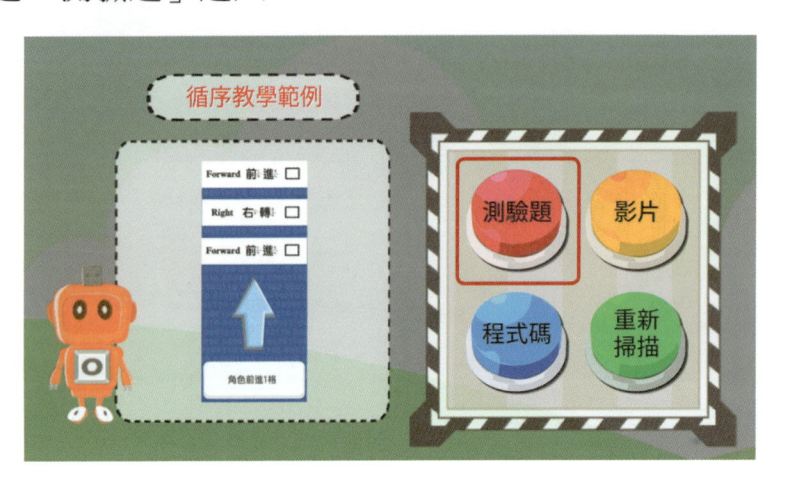

Step 2 分為「選擇題」及「配合題」，點選「選擇題」進入。

Step 3 出現「選擇題」答題畫面。

Step 4 回答錯誤畫面，可選擇「返回」或「再試一次」繼續作答。

Step 5 回答正確畫面，可選擇「返回」或直接點選「試試配合題」。

Step 6 進入「配合題」答題畫面,將左邊卡牌按答案順序拖曳至右邊紅色空白牌組區塊放置。

四 「影片」操作

Step 1 點選「影片」進入。

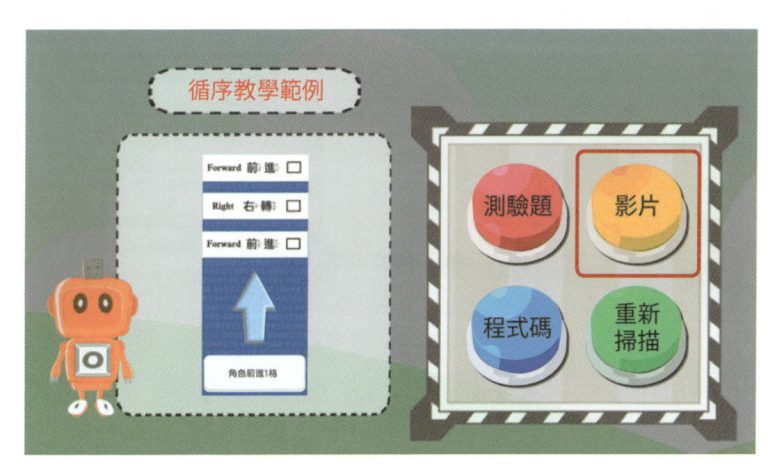

Step 2 影片為實際在桌遊中操作此牌組的路徑。

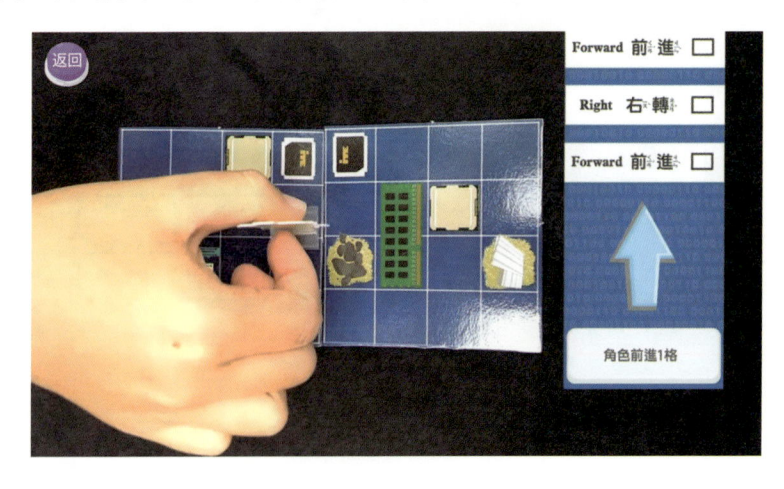

(五)「程式碼」操作

Step 1 點選「程式碼」進入。

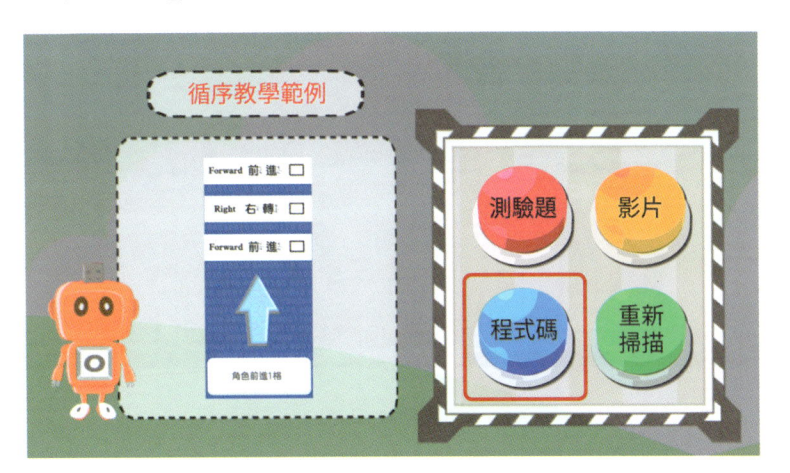

Step 2 可將此牌組轉換成 Scratch、VB、C、Python 等四種常見的程式語言。

Step 3 轉換成「Scratch 程式語言」畫面。

Step 4　轉換成「VB 程式語言」畫面。

```
Private Sub Form_Activate()
'Forward      '前進1格的虛擬碼
    print "前進"
'TurnRight    '右轉的虛擬碼
    print "右轉"
'Forward      '前進1格的虛擬碼
    print "前進"
End Sub
```

Step 5　轉換成「C 程式語言」畫面。

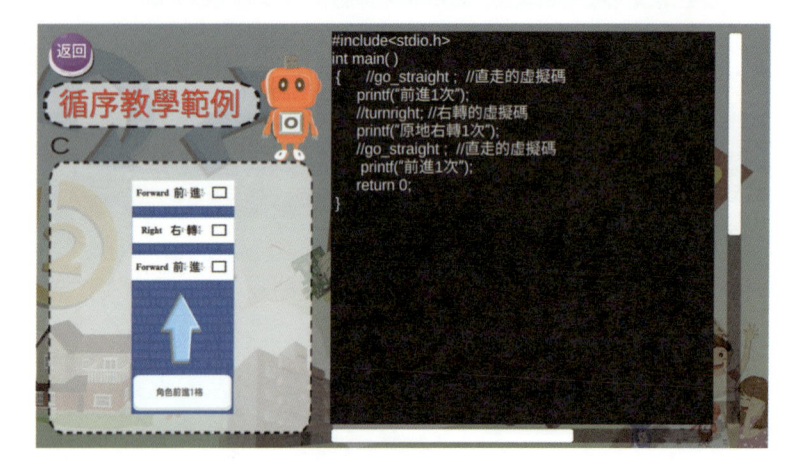

```c
#include<stdio.h>
int main( )
{    //go_straight ;  //直走的虛擬碼
     printf("前進1次");
    //turnright; //右轉的虛擬碼
     printf("原地右轉1次");
    //go_straight ;  //直走的虛擬碼
     printf("前進1次");
     return 0;
}
```

Step 6　轉換成「Python 程式語言」畫面。

```python
#go_straight   #前進一格的虛擬碼
print('前進')
#turnright     #右轉的虛擬碼
print('右轉')
#go_straight   #前進一格的虛擬碼
print('前進')
```

(六) 列舉出共 12 個牌組練習範例，讓讀者可以體驗 Robot City AR 如何擴增實境掃描牌組。

循序結構教學範例

- Forward 前進 ☐
- Right 右轉 ☐
- Forward 前進 ☐

角色前進1格

循序結構練習題

- Forward 前進 ☐
- Right 右轉 ☐
- Backward 後退 ☐
- Left 左轉 ☐

角色原地左轉

循序結構測驗題

- U-Turn 迴轉 ☐
- Forward 前進 ☐
- Left 左轉 ☐
- Forward 前進 ☐

角色前進1格

選擇結構教學範例

前方一格有障礙？◇

是：右轉
否：前進1步

選擇結構練習題

所有地圖上該原料已用盡？◇

是：補充用盡的其中1種原料卡1個

選擇結構測驗題

- Forward 前進 ☐

前方三格內有資源？◇

是：前進至資源上方
否：後退1步

重複結構教學範例 1

重複 3 次 ⬡

Right 右轉 ▢

角色原地右轉

註：若「重複三次」卡牌的擴增實境不易辨識時，建議先使用行動載具相機掃描其他牌組擴增範例資訊後，再重新讀取。

重複結構教學範例 2

重複 2 次 ⬡

已完成的任務總積分最少或同分？ ◇

是：行動5次
否：行動2次
註：每次可選擇「前進1步」、「左轉」、「右轉」

重複結構教學範例 3

重複 2 次 ⬡

重複 3 次 ⬡

Forward 前進 ▢

角色前進1格

呼叫副程式教學範例 1

Call 發動 →

通行卡 ▢

觸發一張紅色控制卡功能

需放在發動卡旁邊，就可以行動5次以內，每次可選擇「前進1步」、「左轉」、「右轉」且可穿越障礙物

呼叫副程式教學範例 2

Call 發動 →	交換
觸發一張紅色控制卡功能	需放在發動卡旁邊，就可以指定一名敵人，將手中的一個資源，跟對方交換任意一個資源

呼叫副程式教學範例 3

Call 發動 →	中獎
觸發一張紅色控制卡功能	需放在發動卡旁邊，就可以獲得任意一個資源（僅限發動一次，不受重複卡影響）

提供擴增實境應用程式的目的，只是讓使用者有概念：這些由桌遊卡牌所排出的流程（圖），本身也是一種演算法的表現方式，因此只要習得某一種程式語言的語法之後，即可以寫成該對應的程式碼。當然，有的動作也許無法在文字型的程式中呈現，透過積木式程式的堆疊，就能輕易了解如何將卡牌的動作轉換為電腦程式的樣貌。

提醒

此擴增實境系統並沒有將桌遊卡牌的各種排列組合全部建置進去，因此並不是任何一個牌組，經過 APP 掃描後都會出現資訊。其他沒有擴增資訊的，可以讓玩家做實作練習，然後再經由老師或家長檢查，是否有將該邏輯正確地實作撰寫出來。

9-2　擬訂卡牌流程搭配上機寫程式

對於已經有基礎或是高成就的學生，老師可以提供部分卡牌，請學生擬題後，將卡牌解法排列出來之外，並且上機實作編程（例如使用 Scratch 或 App Inventor）。擬題是高層次思考活動，可以有利於學生培養創造力和問題解決能力。因此鼓勵有 Robot City 的使用者，不單單只有不插電玩桌遊時，才使用此桌遊包道具。

★重點回顧

有哪些訊息已自然而然在 Robot City 桌遊中出現？

1. 主機板上的常見物件。
2. 循序結構中的處理動作在演算法的流程圖是長方形 ▭。
3. 選擇結構中的條件在演算法的流程圖是菱形 ◇。
4. 重複結構在演算法的流程圖是六邊形 ⬡。
5. 副程式在演算法的流程圖中形狀為 ▭。
6. 解任務：資訊科學大多在解決運算、排程、處理資源分配的問題，以及路徑的選擇等。

在此要特別注意 Robot City 並非無所不能，桌遊本身的優勢就是同儕互動，那麼比較不適合什麼呢？例如：如果有大量的輸入、輸出時，就需要上機演練讓機器去執行比較實際，這也是當初電腦被發明的原因。電腦在大量處理資料時，速度比人類快，在桌遊上卻不易體現大量資料處理的狀況。

附錄一　Google 公司對運算思維的分類

附錄二　常見的流程圖圖示所代表的意義

《新機器人蓋城市》簡易說明書

動動腦之高手解答
（請見 http://www.tiked.com.tw/PN308）

附錄一　Google 公司對運算思維的分類

根據 Google（2010）對運算思維（Computational Thinking，縮寫為 CT）的內容進行分類，CT 分成心理的思考過程包含抽象化（Abstraction）、演算法設計（Algorithm design）、拆解（Decomposition）、模式識別（Pattern recognition）等，與實體的結論呈現包含自動化（Automation）、數據表示（Data representation）、模式泛化（Pattern generalization）等，Google 共列出了 11 個步驟過程，同時也整理過去研究中其他文獻所提到 CT 的分類總計 19 個，如表附 1 所示。

• 表附 1　Google 公司對運算思維的分類

續次	概念名稱	步驟定義
1.	抽象化（Abstraction）	辨別和提取相關信息來定義主要思想。
2.	演算法設計（Algorithm Design）	創造一系列有序列的指令，解決類似問題或執行任務。
3.	自動化（Automation）	使電腦或機器執行重複任務。
4.	數據分析（Data Analysis）	掌握數據，並找出其中的模式或引申出的見解。
5.	數據收集（Data Collection）	收集信息。
6.	數據表示（Data Representation）	描繪和組織數據成適當的圖形、圖表、文字或圖像。
7.	拆解（Decomposition）	將數據、流程或問題分解成更小，可管理的小部分。
8.	並行化（Parallelization）	執行較大的任務時，也同時處理較小的任務，能更有效地達成共同目標。
9.	模式泛化（Pattern Generalization）	創造觀察模式的模型、規則、原理或理論，用以測試預測結果。
10.	模式識別（Pattern Recognition）	觀察數據中的模式、趨勢和規律。
11.	模擬（SIMulation）	開發模型來模仿現實世界的過程。

12.	變型（Transformation）	將所蒐集到的資料做轉化。
13.	條件邏輯（Conditional logic）	一種找出不同事件之間相關聯模式的方法。
14.	聯想（Connection to other fields）	尋找資料之間的相關聯性。
15.	可視化（Visualization）	透過視覺化內容更容易理解問題。
16.	除錯（Debug & error detection）	找出本身的錯誤並進行修正。
17.	效能評估（Efficiency & performance）	對最終的執行結果作效率分析，以達到未來修正更加完善的目標。
18.	模型化（Modelling）	透過模型架構解決目前遇到的問題或開發新的系統。
19.	問題解決（Problem solving）	邏輯思維的共同最終步驟。

在過去的 10 年中，運算思維在不同的教學領域上，學者嘗試不同的教學策略以幫助學生進行學習，本研究也將過去研究中所使用的教學策略整理出來，其中包含了問題解決能力（Problem-based learning）、合作學習（Collaborative learning）、專題導向學習（Project-based learning）、遊戲式學習（Game-based learning）、鷹架理論（Scaffolding）、故事情境學習法（Storytelling）、計算機學習理論（Computational learning theory）、美感經驗（Aesthetic experience）、概念學習（Concept-based learning）、體感學習（Embodiment-based learning）、人機互動（Human-Computer Interaction teaching）及通用學習設計（Universal Design for Learning）等。

附錄二　常見的流程圖圖示所代表的意義

名稱	符號	意義	範例
1. 起止符號	⬭	表示程式的開始或結束	開始 / 結束
2. 流程符號	→	表示流程進行的方向	↓ →
3. 輸入／輸出符號	▱	表示資料之輸入或結果的輸出	輸入 A、B 之值 / 顯示出總和
4. 處理符號	▭	表示執行或處理某些工作	C = A + B / A$ = "XYZ"
5. 決策判斷符號	◇	表示對某一個條件做判斷	A>5? 是/否
6. 連接符號	◯	用於： ① 轉接到另一頁 ② 避免流線交叉 ③ 避免流線太長	Ⓐ　Ⓐ

名稱	符號	意義	範例
7.迴圈符號		表示程式迴圈控制變數初值及終值	For = 1 To 10 / I
8.副程式符號		表示一群程式步驟或流程，用以說明副程式或其他流程的組合	例如：二數交換 **副程式**
9.報表符號		表示以列表機印出報表文件	例如：列印學生成績單
10.註解符號		表示對某一流程加以註解	S= 總和 A= 加數

NOTE

NOTE

NOTE

《新機器人蓋城市》簡易說明書
"Robot City v2" Manual

一、桌遊內容物清單

遊戲卡牌 162 張 (122 張控制卡、24 張任務卡、暫存卡 8 張、創意卡 8 張)、四種資源圖卡各 15 個、地圖 25 片、機器人 8 隻、左右順序卡 1 張、機器人底座 8 個。

二、遊戲準備

1. 放置地圖數張，張數可以自己決定，張數越多，玩的時間越久。
2. 放置原料卡到所安排的地圖上面。
3. 一人拿一隻機器人，玩家自己選擇地圖上任一個 CPU 做為起點位置。
4. 決定二人一陣營 (隊)，還是一人一隊。
5. 每隊抽 3 張任務卡。
6. 決定要玩的控制卡顏色，難度依照顏色分級，初級 – 白色控制卡、中級 – 白色 + 綠色控制卡、中高級 – 白色 + 綠色 + 黃色控制卡、高級 – 白、綠、黃、橘、紅控制卡全部使用。
7. 承上一點所述，將控制卡洗勻，每個人發 8 張控制卡。
8. 每個人發 1 張暫存卡。
9. 決定遊戲順序：由所抽到任務卡牌積分總和最低的玩家為開始玩家，若有相同總和則猜拳決定。

三、遊戲進行

1. **換牌**：玩家可以在出牌前和隊友交換任意數量的卡牌。（陣營戰才可以進行，個人戰沒有換牌機制）
2. **出牌**：輪到自己出牌時，將想要出的牌在桌面由上而下依序排好。
3. **行動**：依照所出的卡牌控制角色移動或發動特殊功能卡牌，若最後停在資源上則可獲得該資源。
4. **完成任務**：若收集到的原料卡已滿足任何一張任務卡中所需的全部資源，即可消耗相對應的資源以完成一個任務。其後，再抽下一張任務卡。
5. **棄牌**：等待全部人的行動結束後，才可以將打出的牌，以及不想留下的手牌丟進棄牌堆中。
6. **補牌**：將手中牌數補滿 8 張，若卡牌堆已無牌，則將棄牌堆的牌洗勻後繼續抽。

四、遊戲結束與總積分結算

每張任務卡上都有相對應的分數，當地圖上所有的資源都被拿完，或規定的遊戲時間結束，則計算總積分。計算過程，未完成的任務卡雖無法獲得該任務積分，但上面收集到的原料卡，在結算時 1 張仍可以算 1 分，以總積分數最高的陣營或玩家獲勝。

五 出牌時卡牌排列方式

1. 卡牌的出牌方式皆為「由上而下」疊合，露出卡牌標頭的文字。（如圖 a）
2. 黃色重複卡牌所接續的卡牌效果將重複 2 次或 3 次，如果從某張後續的卡牌開始不要重複執行，則將該張卡牌往左或右移動一些做為標記即可。（如圖 b）
3. 使用「呼叫」卡牌必須搭配紅色功能卡牌，使用時，必須放在發動卡牌的右邊。（如圖 c）

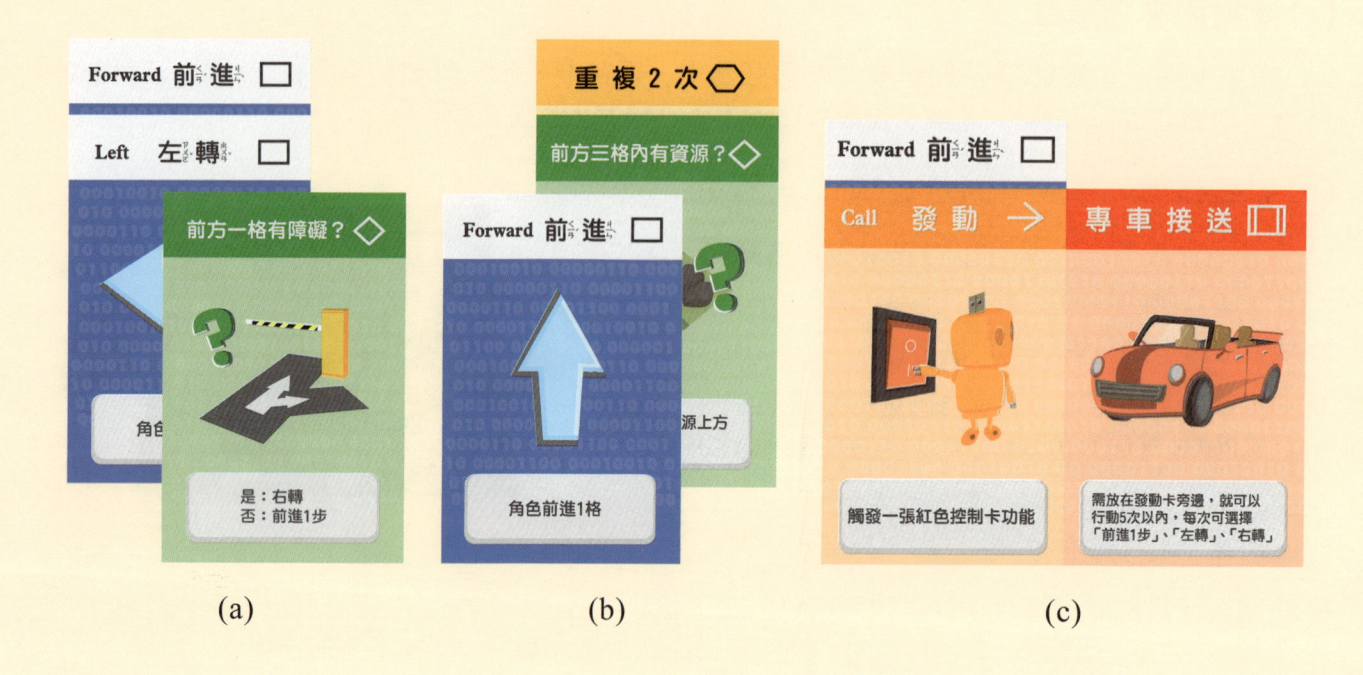

(a)　　　　　　　　(b)　　　　　　　　(c)

六 行動說明

1. **發動功能**：同時使用「呼叫」卡牌，搭配任何一張紅色功能卡牌即可「發動」，將會帶來卡牌上所說明的效果。
2. **取得資源**：遊戲中有 4 種不同的原料卡，行動結束時，若停在某一個原料或資源區上，即可獲得該原料卡。
3. **快速通道**：當玩家在移動時，踩到黑色印有「SIM 卡」的格內，則可任意移動至同樣印有「SIM 卡」的格子上繼續動作。要注意的是，機器人面對的方向不變。

七 其他

更多有關本遊戲的說明、擴充玩法、教學教材和其他資訊請參考遊戲官方粉絲專頁：https://www.facebook.com/RobotCityBoardGame/，以及《寓教於樂 如何從桌上遊戲學習結構化程式設計邏輯：含 Robot City v2 桌遊包》輕課程書籍中的微課 1 內容，祝您遊戲愉快！

台科大圖書股份有限公司出版發行
國立臺灣師範大學許庭嘉教授主編